印象手绘

景观设计 手绘实例精讲

爱尚文化 徐诗亮◎编著

人民邮电出版社

北京

图书在版编目（ＣＩＰ）数据

景观设计手绘实例精讲 / 徐诗亮编著. -- 北京：
人民邮电出版社，2014.11
（印象手绘）
ISBN 978-7-115-36787-7

Ⅰ．①景… Ⅱ．①徐… Ⅲ．①景观设计－绘画技法
Ⅳ．①TU986.2

中国版本图书馆CIP数据核字(2014)第190625号

内 容 提 要

本书精心编排了96个景观手绘实例，详细、全面地介绍了景观手绘各方面的知识。书中案例涉及材质表现、景观配景表现、景观小品表现、大场景透视效果图表现和鸟瞰图表现。在展现手绘技法的同时，也将景观设计师的思路一起带给读者。书中所有案例步骤详细、图片清晰，每个步骤除了文字解释外都特别精心安排了细节提示，希望能为每一位读者提供最佳的学习方案，为景观手绘学习插上腾飞的翅膀。

本书附带一张教学光盘，是精心录制的学习景观手绘的视频教学资料，将景观手绘知识更清晰、更直观、更具体地展现给每一位读者，为您的学习之路扫清障碍。

本书适合园林、景观设计专业的在校学生、手绘设计师及对手绘感兴趣的读者阅读使用，同时，也可作为培训机构的教学用书。

◆ 编　　著　爱尚文化　　徐诗亮
　　责任编辑　张丹阳
　　责任印制　程彦红

◆ 人民邮电出版社出版发行　　北京市丰台区成寿寺路 11 号
　　邮编　100164　电子邮件　315@ptpress.com.cn
　　网址　http://www.ptpress.com.cn
　　北京瑞禾彩色印刷有限公司印刷

◆ 开本：880×1092　1/16
　　印张：16
　　字数：420 千字　　　　　　　　2014 年 11 月第 1 版
　　印数：1 – 3 500 册　　　　　2014 年 11 月北京第 1 次印刷

定价：69.80 元（附光盘）
读者服务热线：**(010)81055410**　印装质量热线：**(010)81055316**
反盗版热线：**(010)81055315**
广告经营许可证：京崇工商广字第 0021 号

前　言

　　随着现代生活的不断发展，人们对公共场所和居住环境更加关注，设计师这个职业逐渐被人们熟知和认可。手绘设计图可以让设计师生动地表达设计意图，直观地表现出透视规律和原则，以明晰的线条加上辅色刻画出空间、材质、肌理和气氛等，把创意变为现实。意在笔先。手绘设计是一项需要有预见性的工作，手绘草图意在勾勒设计理念和传达创意思维，将设计师的思想概括后直观地传递出来。无论是建筑景观还是室内外设计，快速表现手绘设计都有不可替代的作用。

　　因此，对于设计师来说，手绘不仅是不可替代的个人技能，同时也表现了设计师本人的艺术修养。徒手绘制建筑景观草图是设计师的基本功，设计师综合素质在手绘意向图上可以得到详细的体现。设计师的快速表现能力也同样显示出设计师个人的动手能力和创造能力。实现学生（设计师）的设计能力、表达技能和综合素质的协调发展，离不开有系统的训练。

　　本书主要以园林景观的实例表现为主，结合详细的步骤图解让初学者可以一目了然，每个步骤都配有比较丰富的细节讲解，从而把基础知识、设计程序与设计应用联系起来；将对设计的理解、分析及综合创造能力联系起来。本书针对学生在技法实践、应用操作和设计创新等方面做了大量讲解，能够满足不同阶段的学生发展和变化着的学习需求。

　　本书完整地勾画出园林景观的大范畴内容，由初步线稿到最终的色彩表现，囊括了景观的材质、小景、小品、组合透视图表现、鸟瞰图表现等内容，详细讲解了线稿的构图手法和马克笔上色技巧，对线条的使用及造型的构图原则都有深入的讲解，从而提升了本书的实用价值，让初学者了解并认识园林手绘，并且更好、更快、更准确地学会手绘表现技法。本书分为5章，分别讲解了园林中常用的材质表现、景观配景的技法表现、景观小品的表现技法和大场景的透视效果图表现，最后针对鸟瞰图表现进行解析。

　　心动不如手动。手绘之乐在于笔尖的划动，希望大家勤于动手，在线条的律动中找到最适合自己的感动！

　　感谢为本书的出版辛勤付出的各位编辑、后期图像处理和排版的同人，同时还要感谢本书的读者。谢谢大家对我的认可和支持！

徐诗亮

目 录 CONTENTS

第 **3** 章

园林景观手绘小品表现

第 **4** 章

园林景观手绘大场景表现

第 **5** 章

园林景观手绘鸟瞰图表现

策划编辑	佘战文	美术编辑	王小兰
执行编辑	严明军	视频编辑	秦晓峰

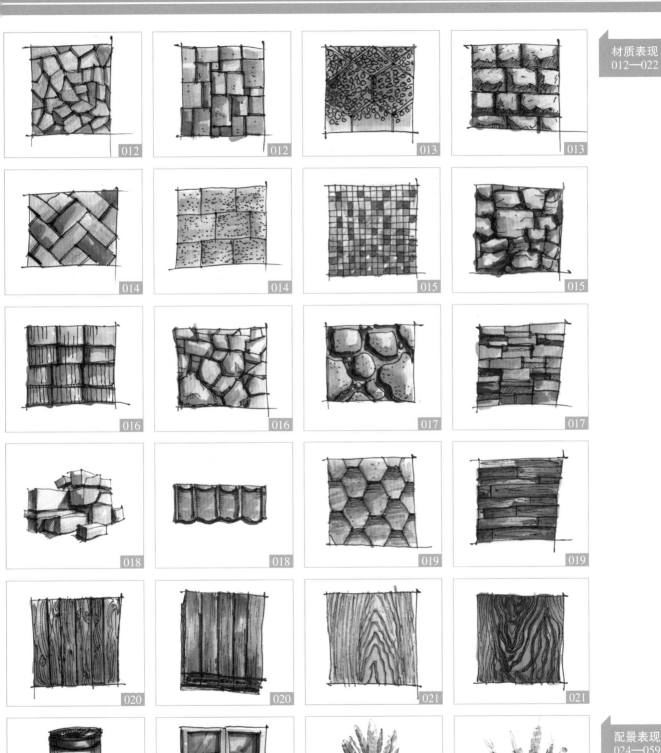

050

051

052

053

054

055

056

057

小品手绘表现
062—120

058

059

062

064

066

068

072

074

078

080

084

088

092

096

100

104

本书案例索引

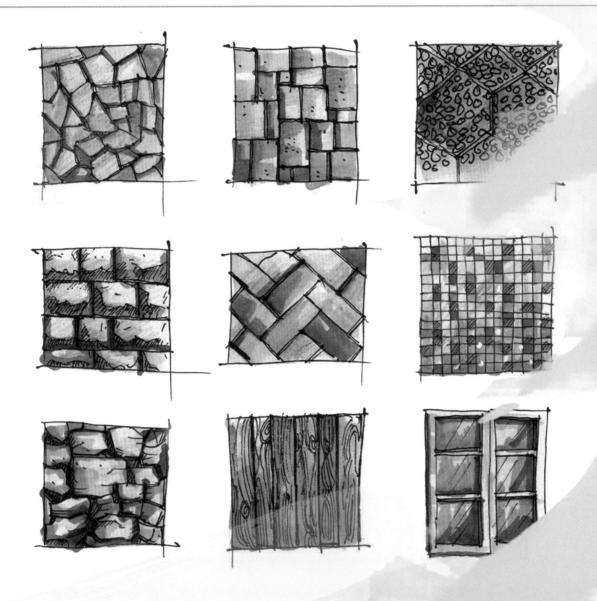

1.1 铺装材质表现

1.1.1 毛石铺装材质

异型砖不要画得太平均，要画出大小不一的石块铺设效果。上色时处理好明暗面关系，凸显石块的体积感。

（1）用硬直线画异型砖的轮廓。

（2）用双线刻画出阴影，表现出石块的体积感。

（3）用淡黄色彩铅对亮面初步着色，然后用淡紫色彩铅和灰色马克笔上色。

（4）画出石块的固有色，然后加深石块的暗部效果。

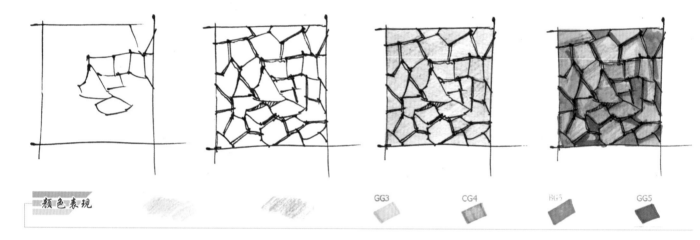

颜色表现　　　　　　　　　　　　　　　　　　　　　GG3　　　　CG4　　　　BG3　　　GG5

1.1.2 小青砖铺装材质

画小青砖材质时注意砖缝的交接效果，尽可能营造出小青砖的肌理感。

（1）用一走一顿的自然线画出青砖的轮廓，注意粗细有致地画小青砖铺设。

（2）用双线画出砖块的立体效果，然后用笔尖点画出纹理效果。

（3）使用扫笔的方法表现青砖的固有色。

（4）用淡蓝色彩铅对材质亮面上色，然后用马克笔调整小青砖的明暗关系，完成画面效果。

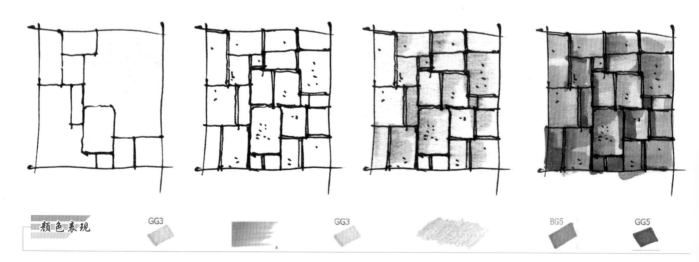

颜色表现　　　　　GG3　　　　　　　　GG3　　　　　　　　BG5　　　GG5

1.1.3 鹅卵石铺装材质

鹅卵石多用不规则的小圆表现，画小圆时注意相互之间的大小穿插，切忌不要画得太密实。

（1）用相对平行的自然直线，勾画出鹅卵石地面分割线框。

（2）用不规则的小圆疏密有致地表现出鹅卵石。

（3）用淡黄色彩铅对亮面上色，然后用马克笔以扫笔的方式对鹅卵石上色。

（4）用不同颜色的马克笔相互配合，加深鹅卵石的暗部。

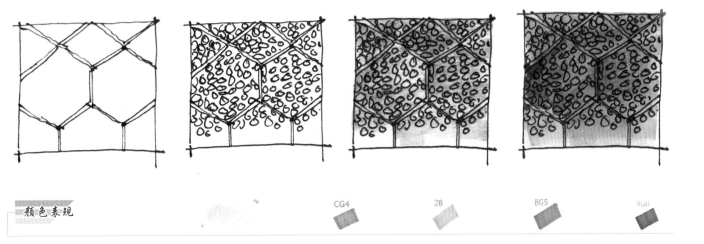

颜色表现　　　　　　　　　　　CG4　　　28　　　BG5　　　WG6

1.1.4 蘑菇石铺装材质

蘑菇石的纹理用小曲线表现效果，注意材质立体感的营造。

（1）用硬直线画出石块的轮廓，"工"字形排列砖块。

（2）用小曲线画出石块的纹理，然后用斜排线画石块的阴影效果。

（3）用淡黄色彩铅对亮面上色，然后用马克笔以扫笔的方式对石块上色。

（4）用马克笔调整砖块的明暗关系，注意砖缝之间的颜色不要画死。

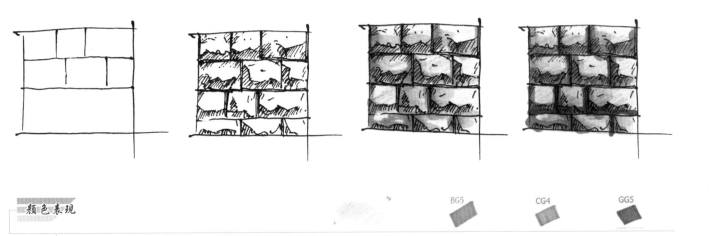

颜色表现　　　　　　　　　　　BG5　　　CG4　　　GG5

1.1.5 红砖铺装材质

在表现这种材质时，要注意小红砖的斜排效果的表现。

（1）用自然变化的线条画出斜砖的轮廓。

（2）使用相对平行的线条完善其他小砖铺设的表现，注意砖块接缝处用双线加深绘制。

（3）用淡黄色彩铅对亮面上色，然后用土黄色马克笔对砖块表面初步上色。

（4）用马克笔表现砖块的固有色，然后用蓝色彩铅丰富画面颜色。

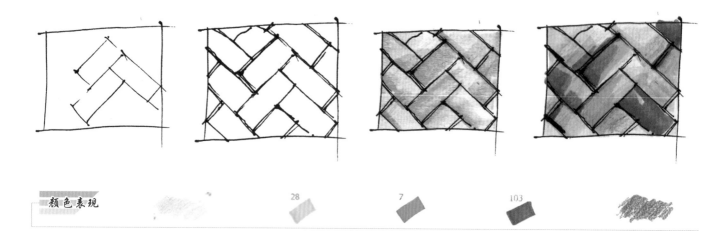

颜色表现　　　　　　　　　　28　　　　　7　　　　103

1.1.6 麻石铺装材质

在表现麻石材质时要注意其肌理效果，可以使用笔尖雕琢的手法表现。

（1）勾勒出石块的轮廓结构。

（2）用笔尖点画出麻石的肌理效果。

（3）用淡黄色彩铅对亮面上色，然后用灰色马克笔以扫笔的方式表现材质的固有色。

（4）用淡紫色彩铅表现墙面的固有色，然后用马克笔加深材质灰面。

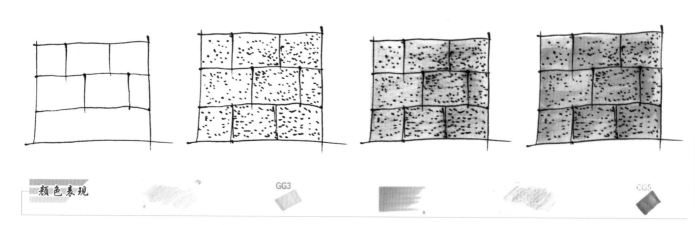

颜色表现　　　　　　　　　　GG3　　　　　　　　　　CG5

1.1.7 马赛克铺装材质

用交叉的平行线刻画马赛克材质，用错落的斜排线表现不一样纹理的马赛克。

（1）从画面的左上角开始排线，横平竖直地画材质铺设，注意线条之间的间距。

（2）有选择性地用斜线表现马赛克的肌理效果。

（3）用蓝色彩铅以扫笔的方式画出底色，然后用同一色系的蓝色马克笔错落地涂抹小格子的颜色。

（4）丰富马赛克纹理的颜色，切记不要把颜色涂抹地太满，要虚实结合。

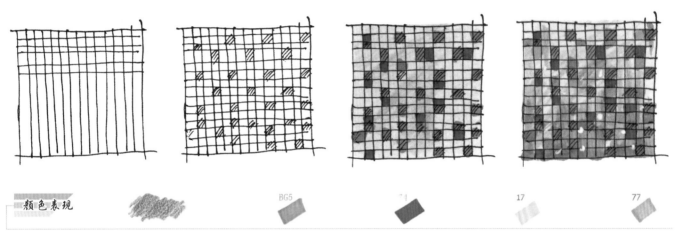

颜色表现　　　　　　　　　　　　　　BG5　　　　74　　　　17　　　　77

1.2 山石材质表现

1.2.1 碎石材质

需要着重表现石块的体积感，把堆叠的效果绘制出来。

（1）用硬直线勾勒出石块的轮廓，然后用斜排线画石块的阴影。

（2）石块接缝处用线条压深，局部用小点表现石块斑点的肌理效果。

（3）用淡黄色彩铅对亮面上色，然后用粉色和浅褐色彩铅以扫笔的方式画出石块的固有色。

（4）用淡灰色马克笔对石块固有色上色，然后用深灰色马克笔加深石块的暗部和阴影。

颜色表现　　　　　　　　　　　　　　　　　　WG3　　　　WG6

1.2.2 青石板材质

注意石块顶视图在表现时不要画平了，尽量把体积感营造出来。

（1）用自然的直线画石块的轮廓。

（2）用短直线画出青石板凹槽线条，注意直线的虚实结合。

（3）用淡黄色彩铅对亮面上色，然后用灰色马克笔和蓝色马克笔配合画出石块的固有色。

（4）加深材质暗面，使石块的体积感凸显出来。

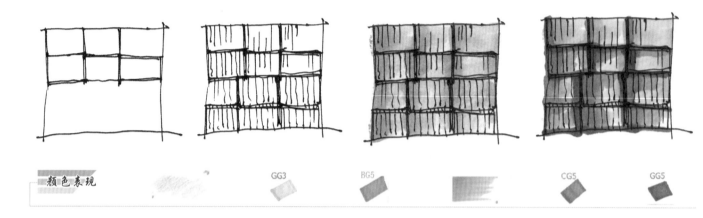

颜色表现　　　　　　　　　　　GG3　　　　　BG5　　　　　　　　　　　CG5　　GG5

1.2.3 异型文化石材质

表现异型文化石材质时注意层次的堆叠，上色时把握好明暗过渡。

（1）用硬直线画出石块的结构，注意大小穿插排列表现。

（2）石块接缝处用线条压深，阴影用斜排线刻画。

（3）用淡黄色和淡紫色彩铅对亮面上色，然后用灰色马克笔表现石块的固有色。

（4）加深石块的固有色和暗部阴影，完成画面效果。

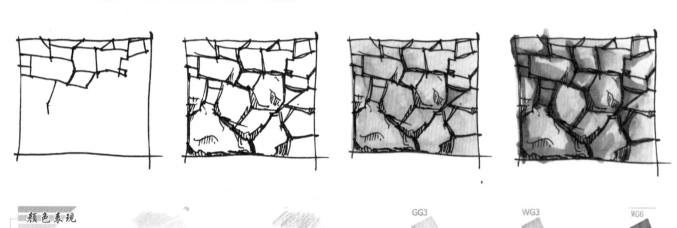

颜色表现　　　　　　　　　　　　　　　GG3　　　WG3　　　WG6

1.2.4 雨花石材质

雨花石表面光滑圆润，在表现时用线要相对柔和些。

（1）用弧线画出石块的轮廓，边缘用双线加深。

（2）阴影用小排线表现，表面用笔尖点画出石块斑驳的纹理。

（3）用淡黄色彩铅和紫色彩铅对亮面上色，然后用灰色马克笔画出石块的底色，用绿色马克笔画出石块中间小草的颜色。

（4）加深石块的暗部和阴影，然后调整明暗关系，效果完成。

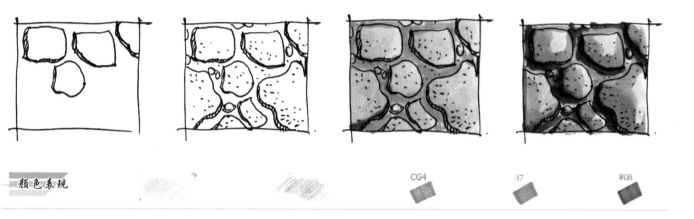

颜色表现   CG4   47   WG6

1.2.5 板岩拼贴材质

线稿构图时注意砖块的穿插排列效果，上色时营造出前后的层次关系。

（1）用直线画出砖块的横向排列，注意砖块的穿插关系。

（2）砖块的接缝处用双线刻画，不同纹理的砖块用斜线和留白的方式表现。

（3）用黄色马克笔和深褐色马克笔分别对板岩上色。

（4）用灰色马克笔和淡蓝色马克笔画出其他板岩的颜色，然后用彩铅调整细节。

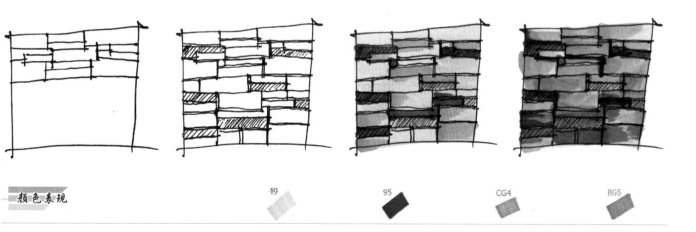

颜色表现   49   95   CG4   BG5

1.2.6 大石块材质

石块之间堆叠的透视关系和准确表现石块的体积感及光影效果是关键。

（1）画出石块的轮廓结构。

（2）完善其他石块的结构，然后用斜排线刻画石块的阴影效果。

（3）用淡黄色彩铅和紫色彩铅以斜推的方式对亮面上色。

（4）用马克笔上色，然后调整画面的光影关系。

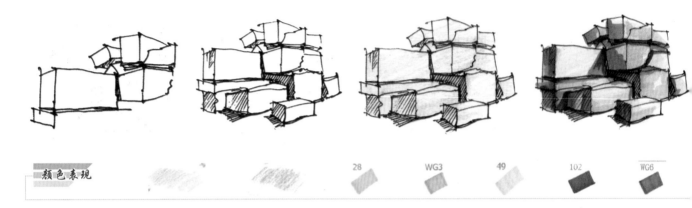

颜色表现　　　　　　　　　　　　28　　　WG3　　　49　　　102　　　WG6

1.3 瓦片材质表现

1.3.1 金属瓦材质

注意直线和弧线的配合使用，准确表现瓦片内凹造型效果。

（1）用直线画出瓦片的框架，然后用连续的不规则弧线画出瓦片的形状。

（2）用小排线绘制瓦片的阴影效果。

（3）用淡蓝色马克笔以扫笔的方式给瓦片着色，注意留出高光的位置。

（4）用紫色马克笔丰富瓦片的固有色，然后用灰色马克笔加深暗部和阴影。

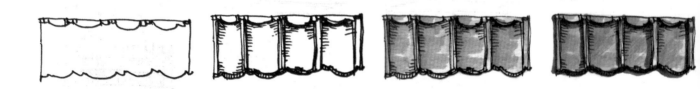

颜色表现　　　　　　　　　　　75　　　77　　　CG5

1.3.2　沥青瓦材质

沥青瓦是由六边形组合而成的，表现时注意相互之间的对称排列，刻画出层次堆叠效果。

（1）从画面中心开始表现，用硬直线画异型瓦片。

（2）仔细排列出瓦片轮廓，然后画出阴影效果。

（3）用淡紫色彩铅对亮面上色。

（4）用淡紫色马克笔丰富瓦片颜色，然后用蓝色马克笔加深层次阴影。

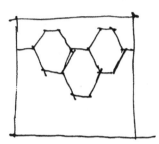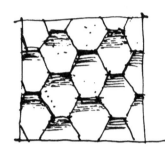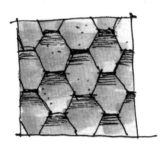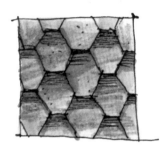

颜色表现

1.4　木纹材质表现

1.4.1　木地板材质

木地板的穿插排列关系是表现的重点，纹理用自然弧线勾勒，上色时要注意木纹的走向。

（1）用直线画出木地板造型，注意画得松弛一些，不要太死板。

（2）用自然的小线条画木地板的纹理。

（3）用黄色马克笔以扫笔的技法对地板上色，少量留白表现材质高光。

（4）用褐色马克笔加深木地板的颜色，然后用灰色马克笔表现暗部。

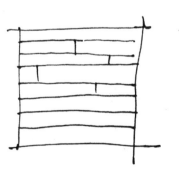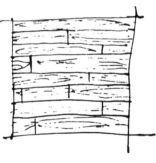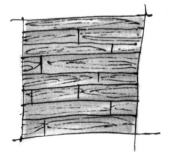

颜色表现

1.4.2 浅色防腐木材质

注意营造防腐木的纹理效果，处理好颜色之间的渐变感觉。

（1）用直线画出防腐木的结构。

（2）用小弧线勾画木板的纹理效果。

（3）用黄色马克笔和淡红色马克笔画出防腐木的第一遍颜色。

（4）加深防腐木的色调，注意木块拼接缝隙的颜色表现。

颜色表现　49　28　102　WG6

1.4.3 生态木地板材质

表现出生态木的体积感，注意材质特性的营造。

（1）用硬直线刻画木材的结构线，侧面用小圆表现。

（2）用虚线刻画木板上的纹理，接缝处加深颜色。

（3）用黄色马克笔和粉色马克笔配合对生态地板初步着色。

（4）丰富生态木的固有色，然后加深暗部细节。

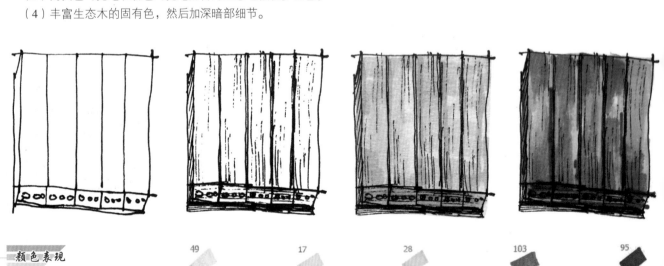

颜色表现　49　17　28　103　95

1.4.4　原木材质一

在绘画过程当中要绘制出原木的质感，要注意原木纹理结构与疏密关系。仔细刻画木纹的肌理效果，上色时深浅结合凸显纹理效果。

（1）用弧线表现原木的质感。

（2）中心纹理用自然连续的波浪线勾画即可。

（3）用淡黄色彩铅对亮面上色，然后用红色马克笔从下往上扫出渐变色。

（4）用深褐色马克笔画出木纹的肌理色，注意颜色的轻重变化。

颜色表现　　　　　　　　　　　　　　　　　28　　　103

1.4.5　原木材质二

注意木纹的走向和变化，刻画出木纹的自然纹理效果。

（1）先从两边开始用小波浪线画出纹理走向。

（2）用斜线表现出纹理内部的肌理效果。

（3）用淡黄色彩铅对亮面上色，然后用黄色马克笔从左往右加深色调。

（4）丰富原木的固有色，然后加深暗部细节，效果完成。

颜色表现　　　　　　　49　　　28　　　103　　　95

1.5 不锈钢和玻璃材质表现

1.5.1 不锈钢材质

不锈钢金属材料是所有材料中最重要的功能材料和结构材料。金属材料的自然材质、光泽感、肌理效果构成了金属产品最鲜明、最富有感染力并具有时代感的审美特征。

（1）勾画出不锈钢垃圾桶的结构造型。

（2）用小排线刻画暗部，阴影部分加深一些即可。

（3）用淡黄色彩铅对亮面上色，然后用冷灰色马克笔和蓝色马克笔配合对亮面和灰面上色。

（4）加深画面的深色部分，然后调整细节。

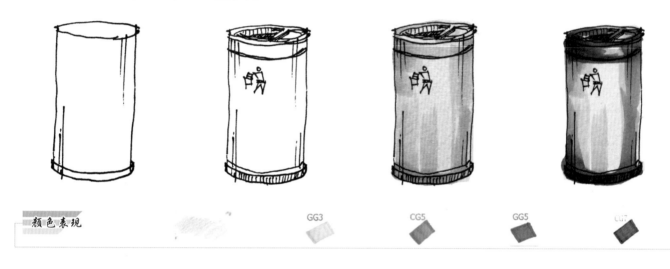

颜色表现　　　　　　　GG3　　　CG5　　　GG5　　　CG7

1.5.2 平板玻璃材质

平板玻璃是板状无机玻璃制品的统称，多系钠钙硅酸盐玻璃，具有透光、透视、隔音、隔热、耐磨、耐气候变化等性能。要画好平板玻璃就得很好了解平板玻璃的特征属性，刻画时注意玻璃边框厚重感表现，上色时表现好阴影效果。

（1）用自然直线勾勒出框架，线条要简洁顺畅。

（2）窗玻璃阴影用斜直线绘制，营造出玻璃的反射效果。

（3）用蓝色彩铅对玻璃上色，然后用灰色马克笔对窗户边框上色。

（4）用淡黄色彩铅对亮面上色，然后画出窗框的亮面和灰面，接着用淡蓝色马克笔调整玻璃的颜色，最后加深玻璃稍暗的部分即可。

颜色表现　　　　　　　CG4　　　　GG3　　　CG5　　　75　　　BG9

第2章

园林景观手绘配景表现

2.1 植物配景表现

2.1.1 地被植物表现

案例一

（1）在画小植物的时候，应该把表现体积感和空间感放在第一位，透视稍稍注意即可。

（2）用雕琢笔尖的手法表现芭蕉树的叶面变化，用线应随意洒脱。

（3）用连续的线条画出小草，丰富画面，完成线稿。

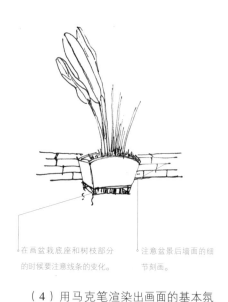
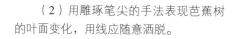

在画盆栽底座和树枝部分的时候要注意线条的变化。

注意盆景后墙面的细节刻画。

注意芭蕉叶的穿插关系。

画面的阴影可以用排线表现。

在画地面砖块铺设时，要根据透视点的方向进行刻画。

（4）用马克笔渲染出画面的基本氛围。

（5）画出整个画面的暗部和阴影，注意留出高光。

（6）调整画面的明暗关系和细节表现，完成绘制。

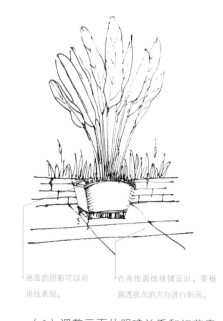

对地面和盆栽后方的小花池上色的马克笔号。

对植物叶面上色的马克笔号和笔触。

在表现植物叶片阴影的时候可以使用叠加的方式，下面是上色的马克笔号。

表现盆栽底座色调的马克笔号。

用紫色彩铅丰富花池环境色，然后用51号马克笔表现树木与花池的阴影。

WG3　　17　　　　47　　　　　　扫笔　　　　　　　43　　　GG5　　　　　　　　　51

案例二

（1）找准画面的中心点，然后将中间的叶片勾画出来。

（2）掌握画面的平衡感，然后画出其他的芭蕉叶和地被植物。

（3）调整画面细节，完成线稿。

用一走一顿的线条刻画芭蕉叶，注意在叶片上留出缺口。

注意把握好芭蕉叶与地面植物之间的比例关系。

用骨牌线刻画小草。

最后调整画面的时候要从整体出发，着眼于全局。

（4）用彩铅画出芭蕉叶的高光面和固有色。

（5）用马克笔加深芭蕉叶的固有色，然后画出地被植物的颜色，要适当留白。

（6）画出整个画面的阴影和暗部，加强明暗对比关系。

用柠檬黄彩铅表现树木高光，用草绿色彩铅表现芭蕉叶固有色。

在用马克笔上色的时候使用排笔的手法。

画面留白可以增加透气感。

用深绿色马克笔表现树木稍暗的部分。

使用重叠的方法，用深灰色马克笔表现芭蕉叶的阴影。

2.1.2 灌木植物表现

案例一

（1）用随意的抖线画出树木的轮廓。

（2）根据透视关系画出远处的小树，然后简单地表现出明暗关系。

（3）逐渐丰富画面，将树木及小花池细化，完成线稿的绘制。

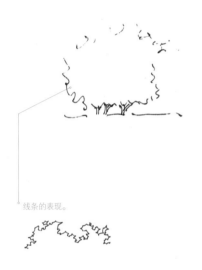

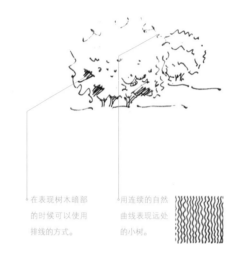

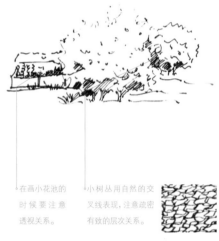

线条的表现。

在表现树木暗部的时候可以使用排线的方式。

用连续的自然曲线表现远处的小树。

在画小花池的时候要注意透视关系。

小树丛用自然的交叉线表现，注意疏密有致的层次关系。

（4）用彩铅画出树木的高光和花池的固有色。

（5）用彩色铅笔将小树的体积感刻画出来，然后用灰色马克笔将小花池的暗部表现一下。

（6）用马克笔进行细致的着色，先画较前的小树，再画小花池内的树丛和地面草坪。

给主题灌木上色的马克笔号。

24　95

彩铅笔触。

在用彩铅上色的时候运笔要迅速，不宜使用太大的力气。

用中黄色彩铅给树木再次上色，使体积感凸显出来。

用灰色马克笔加深地面和花池的暗部。

GG3

用草绿色马克笔对草地和花池树木着色，并用不规则的排线手法表现，简单地带过即可。

47

案例二

（1）勾画出小灌木球的大致轮廓。　　　（2）用随意的小圆圈表现树木的叶面形态。　　　（3）画出灌木球的阴影部分。

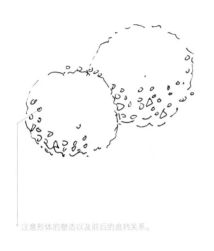
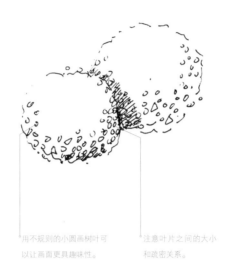

注意形体的塑造以及前后的遮挡关系。　　用不规则的小圆画树叶可以让画面更具趣味性。　　注意叶片之间的大小和疏密关系。　　阴影用斜排线刻画，注意不要画得太密实。

（4）用淡黄色彩铅表现植物的高光部分效果很明显。　　　（5）用翠绿色马克笔将树木的体积感表现出来。　　　（6）画出灌木的暗部和阴影，完成上色。

在表现高光的时候使用平涂的技法着色。　　根据植物的受光面，使用揉笔的技法给灌木上色。　　表现灌木暗部的马克笔。　　表现灌木阴影的马克笔。

47　　

43　　GG5

案例三

（1）画出灌木的树枝，然后用笔尖点出树冠的轮廓。

（2）掌握好两棵小树的前后重叠层次感，然后简单地表现出体积感。

（3）用不规则的小圆表现树叶，阴影部分可以画得密一些，然后用排线画出树的影子。

在画树冠的时候可以先将其概括为简单的圆形。

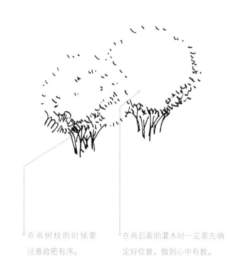

在画树枝的时候要注意疏密有序。

在画后面的灌木时一定要先确定好位置，做到心中有数。

在画暗部和阴影的时候一定要根据光线的照射方向画。

（4）用彩铅简单地表现出灌木的高光和固有色。

（5）用马克笔画出树冠、树枝和投影的颜色。

（6）用稍深的绿色马克笔加深灌木的暗部，增强空间感。

先用彩铅铺上颜色便于在用马克笔表现的时候形成很好的融合和过渡。

以小块面排笔的手法对灌木不直接受光面上色。

在加深地面投影的时候要注意反光的表现。

47　　　GG3

加深灌木叶面颜色的马克笔。

表现灌木阴影的马克笔。

43　　　51

2.1.3 乔木植物表现

案例一

（1）确定好松树的基本位置，然后画出轮廓。

（2）完善松树的轮廓造型，然后用线条将阴影的区域勾画出来。

（3）将松树的阴影部分用整齐的排线表现出来，并将地面的小路和远处的小树添加到画面中，使整个画面生动活泼。

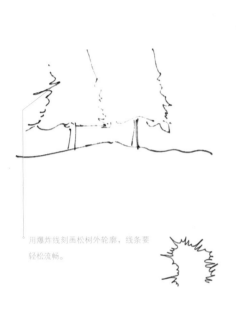

用爆炸线刻画松树外轮廓，线条要轻松流畅。

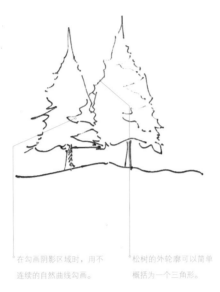

在勾画阴影区域时，用不连续的自然曲线勾画。

松树的外轮廓可以简单概括为一个三角形。

注意画面的空间感和远景透视关系。

在画道路时要找准灭点，画石块拼接时要根据透视来表现。

（4）使用平涂的方法用彩铅画出基本的色调。

（5）用马克笔画出松树和草地的颜色，可以适当留白，让画面活泼丰富。

（6）画出松树的暗部，然后用浅蓝色彩铅画出天空的颜色，接着调整细节，完成绘制。

这一步上色不需要画得太深，淡淡地表示一下即可。为后面的上色打下基础。

以扫笔的手法用马克笔排列上色。

47

用深绿色马克笔对松树较深的部分仔细刻画，然后用深咖色马克笔对树根部分上色。

 43 CG6

案例二

（1）画出乔木的枝干。

（2）根据树的种类画出树木的形态。

（3）将地面的草坪和低矮的小树画出来。

线条要简洁明了，交待清楚三棵树的空间位置。　　在画树枝的时候还要注意树的高低和排列。

用重复的排线画出树冠的轮廓。

枝干阴影的表现。　　树叶阴影用斜排线刻画。

（4）用翠绿色马克笔和浅黄色马克笔画不同种类的树木，然后用中绿色马克笔简单表现地坪。

（5）继续完善树冠的颜色。

（6）用熟褐色马克笔画出枝干，然后用深灰色马克笔加深阴影。

这幅配景主要是大色块的训练，用揉笔的手法对树冠上色。

由于马克笔的缺点是覆盖性差，所以要由浅入深地去着色，注意树冠的体积感塑造。　　地面用平移的方法着色。

在刻画暗部的时候一定要透气，切忌一片死黑。　　注意画面的空间和体积感的表现。

46

案例三

（1）确定地平线的位置，然后画出树干。

（2）画出树冠的造型，并完善其他的地被植物，增加画面的趣味性。

（3）用整齐的排线将大树的阴影部分进行细致的刻画。

为了使整个画面丰富，可以适当地添加一些其他的景物。如这幅画中石块不仅起到活跃画面的作用，还和树木形成了对比。

大树内部的叶面用不规则的连续曲线表现，在表现的时候还要考虑树冠体积感的表现。

用斜直线画出大树和石块的背光面，远处的小树只需要简单地表现即可。

（4）用浅绿色马克笔画出树冠受光的部分，然后用浅灰色马克笔对石块上色。

（5）继续完善整个画面的颜色。

（6）用深灰色马克笔加深树木及石块的暗部。

运用扫笔的方法上色。

47　GG3

在给远处的树木上色时可以大面积留白。

在给前景的树冠上色时可以再选用一个颜色搭配使用，使树叶的色彩更加丰富。

11　57

注意树干体积感的表现。

91

阴影部分可以直接用黑色马克笔表现。

案例四

（1）画出树干和其他的小配景。

（2）交待树叶与树干的前后关系，线条可以洒脱一点。

（3）完善树叶的绘制，调整细节。

把握好树干和石块前后的层次感，下图是石块细节表现。

以爆炸线的手法画树叶的形态，注意树叶方向和大小关系。

用签字笔画线稿时用笔尽量快速一些，做到每笔都是先想后画的，以免画面凌乱。

（4）用淡黄色彩铅表现树叶的高光面，树干用中黄色彩铅表现。

（5）近处的树叶用翠绿色马克笔表现，远处的树叶用墨绿色简单刻画即可。

（6）调整画面的明暗关系，完成上色。

叶面重叠处的颜色。

43

近处的叶子可以画得密一些，远处的叶子画得疏一些。

树干用中黄色彩铅进行表现。

树叶的颜色。

47

树干的暗部颜色。

95

石块的暗部颜色。

GG3

树木与花池阴影的颜色。

51

石块阴影的颜色。

GG5

案例五

（1）定好地平线及中心点，然后画出树干和地被植物。

（2）将枝干分层次绘制出来，并用排线画内部阴影。

（3）完善树冠轮廓的绘制，然后加深暗部和细节，完成线稿绘制。

由局部到整体的画法比较考验造型理解力，新手可以先打形后绘制。

注意树枝和树叶的穿插效果。

注意阴影的强弱变化。

不规则的连续线在表现稍大的树木轮廓上可以很快出效果。

可以通过线条的疏密和颜色的深浅表现出树冠的体积感。

（4）用彩铅简单地画出树冠的颜色，体现出光感和层次。

（5）用马克笔给树冠和树干上色，使色彩块面感强一些，不显凌乱。

（6）调整画面的明暗和虚实关系，完成绘制。

用柠檬黄色彩铅表现树木高光。

用草绿色彩铅表现树木固有色。

用中黄色彩铅对树干初步着色。

在表现树叶时要特别记住"块"的感觉，用斜排笔手法表现。

47

给树干上色的马克笔号。

102

阴影用湖蓝色马克笔稍点缀即可。

CG6

深绿色表现树叶暗部重叠处。

43

树干用浅咖啡色和深咖啡色着色。

案例六

（1）近景树线稿清晰精细，在绘制的时候每一条自然线都应干净利落。

（2）用弧线表现枝干的肌理感，树叶绘制时根据小树的体积轮廓画其形态。

（3）叶面重叠处可以画得密一点，这样层次感会更强烈。

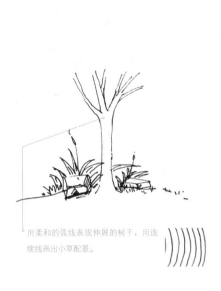

用柔和的弧线表现伸展的树干，用连续线画出小草配景。

用自然线勾勒树叶形状，离树枝近的画得密一些。

用圆弧仔细地刻画树枝的肌理感，地面阴影用排线刻画。

（4）用淡黄色彩铅表现高光面，然后用中黄色彩铅表现枝干的固有色。

（5）用马克笔画出树叶和树枝的颜色，笔触活泼一些，不宜上得太满，要适当留白。

（6）用稍深的两种绿色马克笔将叶面阴影加深，加强树木的体积感和画面的层次感。

注意色彩的过渡和衔接要自然。

树叶用斜揉笔手法表现。　　树干使用平涂的手法表现。

47　　102

在表现地面时要注意色彩的搭配。　　树叶的暗部时要透气，可以使用颜色叠加的方式表现。

GG3　WG3　GG5

2.1.4　树木顶视图表现

案例一

（1）用简单的线条勾勒出树木的外轮廓。

（2）用活泼的线条把内部的枝桠全部画出来。

（3）画出树冠的阴影。

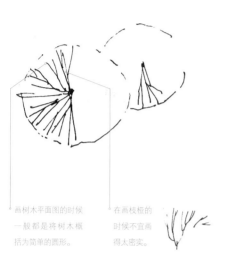

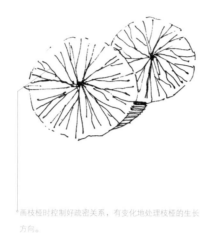

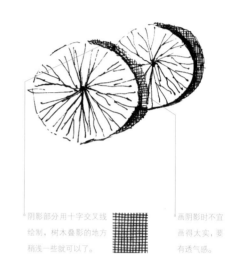

画树木平面图的时候一般都是将树木概括为简单的圆形。

在画枝桠的时候不宜画得太密实。

画枝桠时控制好疏密关系，有变化地处理枝桠的生长方向。

阴影部分用十字交叉线绘制，树木叠影的地方稍浅一些就可以了。

画阴影时不宜画得太实，要有透气感。

（4）用淡黄色彩色铅笔将树木受光部分表现一下，然后用淡绿色略微交待一下树木的固有色。

（5）用翠绿色马克笔对树木进行着色，笔触应快速些。

（6）用稍深的绿色和灰色马克笔将树木的暗部加深，完成绘画。

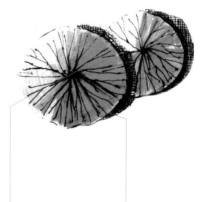

在用彩铅上色时要注意轻重变化。

一定要记住高光部分留白。

从小树顶部向边缘扫笔着色，这样显得色彩的渐变感强一些。

虽然是平面图，但还是要注意体积感的塑造。

加深地面阴影的时候要有强弱的变化。

47

56

GG5

案例二

（1）用圆点确定植物组合的位置，然后用弧线勾勒植物的轮廓。

（2）用发散的射线表现植物的枝子。

（3）画出树木叠层处的阴影，然后调整细节，完成线稿。

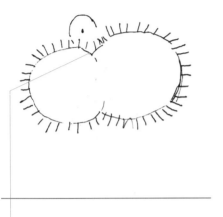

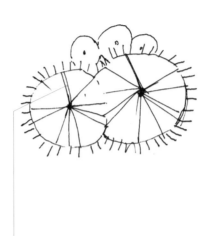

根据小树的轮廓大小画弧线，尽量一笔成形，不要拖沓。

在表现枝子时线条要简洁，枝子的疏密要控制好。

平面图的阴影不宜画得太宽，阴影的位置要注意。

（4）从植物高光处着色，由浅入深。

（5）用中黄色和浅绿色马克笔画出植物的固有色，注意留出高光的位置。

（6）用红色马克笔上色，加强画面的色彩对比。

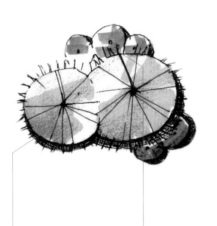

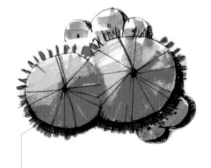

在用彩铅上色时可以通过手指扫笔的轻重体现色彩的强弱。

主体树木用中黄色马克笔上色，小的配景树木用浅绿色上色。

上色时使用连笔的技法表现。

 23   47

丰富植物的树叶颜色，让画面色调和谐统一。

11

案例三

（1）用连续的线条大致画出植物的形态。

（2）用小圆表现小的树木，并画出内部的枝叉。

（3）用排线画出阴影部分和地面砖块的铺设。

用椭圆形表现大树的轮廓，注意小椭圆与大椭圆之间的堆叠层次关系。

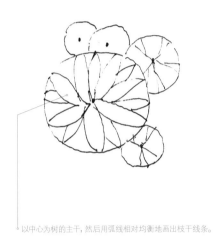

以中心为树的主干，然后用弧线相对均衡地画出枝干线条。

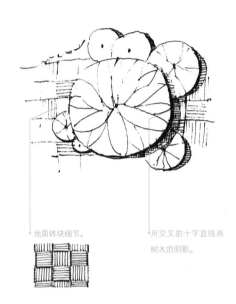

地面砖块细节。

用交叉的十字直线画树木的阴影。

（4）用浅黄色彩铅表现大树的高光，然后用绿色和蓝色马克笔简单上色。

（5）继续完善植物和地面铺装的颜色。

（6）加深阴影部分，处理好色彩的过渡。

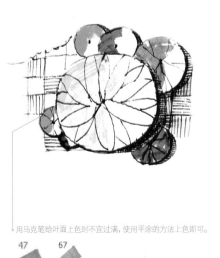

用马克笔给叶面上色时不宜过满，使用平涂的方法上色即可。

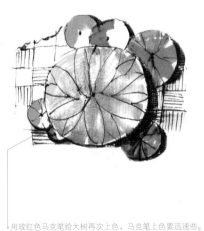

用玫红色马克笔给大树再次上色，马克笔上色要迅速些。

加深地面铺装及树木堆叠阴影的暗部。

47　　67

7

WG3　GG5　43

2.2 人物配景表现

2.2.1 男性人物表现

（1）画出头发和上半身的大致结构。

画人可以从局部入手亦可着眼全局，具体可以根据个人习惯和造型能力去绘制。

在画人物的时候要注意体积感以及肩颈的关系。

（2）继续完善服装结构和人体结构。

画人物时一般都是用变化线，使线条的粗细产生对比，使人物的立体感、真实感增加。

人物衣服与脖颈处阴影用排线刻画，注意衣服形态的变化。

（3）将人物的裤脚和鞋子简单地交待一下，然后用轻柔的线条加上衣服的褶皱。

注意腿部在走动时的动态关系和比例关系。

衣服上的褶皱要根据人体结构进行表现。

（4）先用彩铅确定基本的色调关系。

用淡黄色画出毛衣的颜色。

用紫色画出裤子的颜色。

（5）完善裤子和衣服的颜色，然后简单地表现出头发的体积感。

注意服装之间的遮挡关系和层次的体现，要根据人体结构和褶皱关系上色。

用灰色马克笔将衣服的暗部加深。

WG3

用紫色马克笔简单地刻画下裤子。

CG2

（6）用深灰色马克笔将头发和暗部加深，然后局部调整细节，完成男青年速写表现。

人体在景观手绘中还起到确定比例的作用。

再次调整毛衣、头发、鞋子和衣服的细节。

23   CG6

在景观手绘中根据远近关系的不同人体的细节表现也不相同。远景人物可以简单画出轮廓，中景人物稍微细致地刻画即可，近景人物可以更加细致地表现。

2.2.2 女性人物表现

（1）画出女性人物的上身结构。

（2）用简单的线条勾画出女青年柔美的腰部曲线及自然下垂的裙摆，然后画出挎包。

（3）继续完成腿部结构和鞋子的刻画。

在刻画女性人物时要注意女性的柔美感。

在画女性的头发时要表现出垂落的感觉。

腰部的位置要确定准确。

注意裙摆的褶皱变化。

用排线的方式表现阴影，可以通过疏密的关系表现阴影的强弱。

裙摆的褶皱和腿部的走动有很大的关系，一定要多观察。

（4）用粉红色彩铅以平涂的方式给裙子和帽子上色，然后用绿色彩铅画出上衣的颜色。

（5）用浅灰色马克笔画出头发和衣服褶皱处的颜色。

（6）根据衣服和人体结构调整画面，完成绘制。

在用彩铅上色的时候要有轻重变化，同时注意留出高光的位置。

注意人物手臂与小腿的体积感营造。

WG5

加深裙子的细节，然后加深头发与衣服的暗部细节。

WG7

2.2.3 人物组合表现一

（1）大致确定人物的空间关系，然后画出上身的结构。

（2）继续完善人体结构和服装结构。

（3）继续完善腿部和鞋子的结构，然后调整画面，完成线稿。

在刻画的时候笔法轻松一些，由局部入手，用自然线勾勒人物轮廓。

在刻画组合人物的时候一定要注意人物之间的关系。

用抖线表现头发和裙子的花边，尽量让线条松弛均匀一些。

可以适当地表现出明暗关系，增加体积感。

掌握人物行走的动态是刻画这组人物所需注意的重点。

（4）用柠檬黄彩铅画出男士上衣的颜色，然后粉红色彩铅和紫色彩铅画出女士的上衣和裙子的颜色。

（5）用浅灰色马克笔画出头发和阴影部分的颜色。

（6）用彩色铅笔和马克笔配合上色，将画面调整到最好即可。

在上色的时候首要要考虑色彩的远近关系，黄色在视觉观感上是最为凸显的，红色相对会稍远一点，所以女士的衣服用红色，男士的衣服用黄色。

在给头发着色时不宜满涂，应留出高光部分。

WG5

用87号马克笔调整裙子的颜色，用WG7号马克笔调整暗部细节。

在调整的时候要突出细节，着眼全局。

87　WG7

2.2.4 人物组合表现二

（1）确定孩子妈妈的位置和姿势，然后勾画出大致的轮廓。

（2）画出小孩的造型，并用轻柔的线条将孩子的手掌和母亲的手掌连接在一起。

（3）细腻地处理孩子身体的动态变化，然后加入气球。

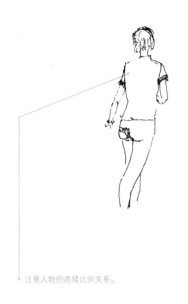

注意人物的高矮比例关系。

注意妈妈和孩子的远近层次关系。

注意小孩与大人手部的衔接，画人物手臂时线条要流畅。

气球飘向的方向在画面上用两个相对的平行点表示。

（4）用彩铅画出衣服的颜色。

（5）用中黄色彩铅表现人物稍暗的皮肤色，并对衣服进行加深。

（6）画出气球和头发的颜色，然后调整画面，完成绘制。

画人物时基本都用彩色铅笔上色，马克笔只是起到辅助的作用。

用墨绿色画挎包的颜色，记住不要喧宾夺主。

用灰色马克笔画出女士裤子的颜色。

GG3

用灰色马克笔加深人物衣服的褶皱部分。

用中黄色彩铅调整气球和女士上衣的颜色。

用灰色彩铅平扫出地面的阴影效果。

2.3 车辆配景表现

2.3.1 跑车表现

（1）用线条勾画出车身骨架部分。

（2）根据透视关系画出跑车的轮胎。

（3）画出车辆轮廓上的细节，然后将车辆在地面上的阴影刻画出来。

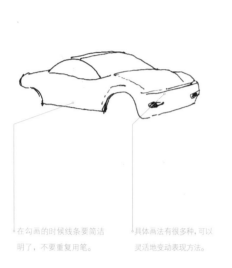

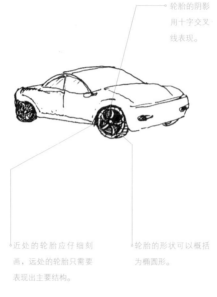

轮胎的阴影用十字交叉线表现。

在勾画的时候线条要简洁明了，不要重复用笔。

具体画法有很多种，可以灵活地变动表现方法。

近处的轮胎应该仔细刻画，远处的轮胎只需要表现出主要结构。

轮胎的形状可以概括为椭圆形。

用随意的平行排线表现车身的阴影，注意不宜刻画得太死，让画面有透气感。

（4）线稿完成后先用彩铅对车辆的高光面进行初步上色。

（5）根据车辆的受光情况，用稍深一些的橙红色马克笔对车架底部着色。

（6）调整画面细节和明暗关系，使汽车更加真实自然。

上色尽量平铺并少量留白。

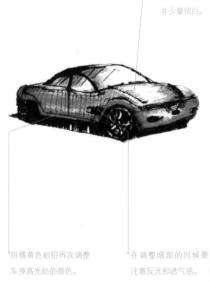

在上色的时候要注意汽车材质的表现。

根据汽车的结构上色。

用淡紫色彩铅表现玻璃质感。

21

在给车架底部上色的时候注意体积感的表现和颜色的过渡。

用橘黄色彩铅再次调整车身高光处的颜色。

在调整暗部的时候要注意反光和透气感。
WG7

2.3.2 越野车表现

（1）将车辆的前车架画出来，注意把握近实远虚，近大远小的透视关系。

（2）继续完善车身的细节，然后画出汽车的轮胎。

（3）将车辆在地面产生的阴影画出来，然后调整细节完成线稿。

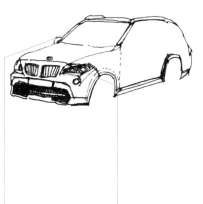

在刻画车身结构的时候要注意线条的变化，要根据结构的方向用线。

可以适当地表现出明暗关系，用交叉线表现车头内的阴影，注意疏密关系。

一定要把握住车辆的透视结构，根据车辆的摆放角度表现轮胎细节。

在表现车身细节的时候要注意车辆本身的特性，多用硬朗的直线刻画细节。

用虚线连续画出车身的流线，玻璃反射效果用斜线刻画。

线稿的好坏直接关系到上色，所以线稿要清晰。

（4）确定车辆的整体颜色，然后用彩铅以平涂的方法上色。

（5）为车身不锈钢、玻璃的部分上色，并留出高光部分，然后画出黄色车灯的颜色。

（6）用蓝色马克笔加深车身的颜色，注意留出高光面，然后用深灰色马克笔加深阴影，完成。

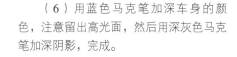
给车身着色的马克笔。
74

用天蓝色彩铅对车身不直接受光面上色，注意色彩的强弱变化。

在给车身玻璃上色时要注意质感的表现，可以通过留白的手法表现玻璃反射强烈的特点。

WG3

用淡黄色彩铅对车灯着色。

刻画阴影的马克笔。

WG7

注意掌握所画车辆的整体流线感。注意车辆的透视和车身的平衡关系。

2.3.3 小汽车表现

（1）画出车身的结构。

（2）继续完善结构，大致表现出汽车的轮廓。

（3）添加车身的细节，并适当地表现出阴影。

在线稿表现的时候要随意一些，使用连续线条或一顿一走的手法表现。

用自然的弧线勾画车身轮廓，注意车身流线的自然衔接。

在画车辆正侧面的时候要注意车辆的体积感和空间感的塑造，千万不要画得太单薄。

用椭圆勾画车轮，用虚线点缀车身的线条感。

用交叉线表现车轮内的阴影，并留出少量的缝隙。

注意车灯的结构造型。

（4）车身烤漆颜色是绿色的，在阳光照射下高光部分用黄色彩铅表现。

（5）表现出玻璃质感和地面阴影的颜色。

（6）用绿色马克笔画出车身的颜色，注意留出黄色彩铅表现的高光部分，然后用深灰色马克笔将阴影和玻璃加深。

用柠檬黄彩铅表现车身高光。

在给车身上色时使用连笔的手法。

用翠绿色彩铅对车体不直接受光面着色。

用灰色马克笔对轮胎初步上色。

GG3

在刻画车身玻璃的时候要注意留白。

用绿色再次加深车体的颜色，地面阴影用马克笔平移上色。

WG3

在调整明暗关系的时候一定要从全局考虑。

WG7

在画车辆速写时，怎样表现出车身烤漆的色泽是重点，要善于观察和总结才能表现得更加真实。

2.4 船只配景表现

2.4.1 小木船表现

（1）用自然的弧线画出船只的基本架构。

（2）继续完善船体的结构，然后表现出阴影，将船体的体积感表现出来。

（3）继续完善船体的细节，然后画出阴影关系，完成线稿。

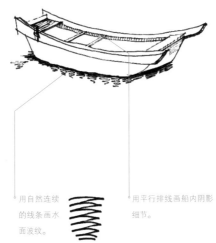

在绘制线稿的时候一定要找准灭点，注意透视关系。

用自然连续的线条画水面波纹。

用平行排线画船内阴影细节。

用交叉的排线表现船内不受光面的阴影。

因为这个是一个小木船，所以要注意船身的木纹肌理表现。

（4）用淡黄色彩铅和淡蓝色彩铅分别画出船体和水面的亮色。

（5）继续完善颜色，将阳光照射船体的感觉画出来。

（6）加深画面的整体色调，然后整体检查和调整细节，完成上色。

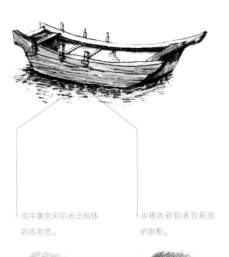

为水体和木纹材质上色。

用中黄色彩铅画出船体的固有色。

用褐色彩铅表现船底的倒影。

在表现阴影的时候用浅褐色马克笔，千万不可用深黑色上阴影，不然画面的透气感会很差。

水面的颜色要有深浅变化，营造出船只的倒影效果。

WG3

2.4.2 游船表现

（1）定平衡线确定船身位置，然后从顶棚开始画起，线条要自然流畅一些，切忌犹豫不定。

（2）将船体用连续线勾画出来，水面多使用排线的手法表现，可以稍稍刻画些阴影。

（3）将船体的座椅及栏杆绘制出来，然后调整细节，完成线稿。

用随意的波浪线刻画遮阳棚的边缘，用直线画小船的结构。

公园小游船在景观手绘中经常可以看到，表现的时候注意观察细节，如小船顶棚的形态，整个船身的平衡点，船内座椅的透视关系等。

注意船只的内部结构和空间层次关系。

注意俯视角度的表现。

注意船内椅子的穿插和前后透视关系，还要注意阴影的细节。

（4）用淡淡的黄色彩铅给船体上色，表现阳光照射产生的高光面，然后用淡蓝色彩铅画出水面的色调。

（5）用橙黄色彩铅表现雨棚的垂摆，然后用蓝色彩铅表现小船的烤漆，接着加深水面的蓝色。

（6）用中灰色马克笔对船体不直接受光面着色，扶手及竖杆简单刻画即可，然后用深蓝色马克笔加深船体直接与水面接触的部分。

使用彩铅时使用连续排线的技巧表现，不宜反复上色，否则会出现色彩不匀的情况。

用湖蓝色彩铅以扫笔的手法给水面上色，注意近船底处涂深一些。

用连笔的手法对船体阴影上色。

用扫笔的手法给水面上色，在给水面上色的时候注意块面感。

WG3　　　67　　　71

2.4.3 轮船表现

（1）勾画出轮船的大致轮廓。

（2）将船身的楼房和窗户画出来，注意把握好比例关系。

（3）将阴影部分刻画出来，重点细节交待清楚即可。

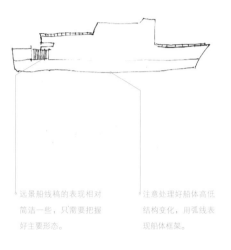

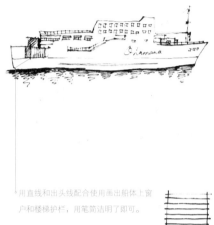

远景船线稿的表现相对简洁一些，只需要把握好主要形态。

注意处理好船体高低结构变化，用弧线表现船体框架。

用直线和出头线配合使用画出船体上窗户和楼梯护栏，用笔简明了即可。

用排线画出船身阴影细节，用波浪线画出水面波纹倒影。

（4）用淡黄色彩铅和天蓝色彩铅对船体和水面上色，大块面表现。

（5）用天蓝色马克笔表现水面的效果，然后用灰色马克笔将船体不受光面刻画出来。

（6）用深灰色马克笔加深阴影部分，然后用湖蓝色马克笔表现水纹暗部，接着用浅灰色马克笔仔细刻画一下船身阴影即可。

斜笔轻推画出轻重感觉。

用扫笔的手法对船体阴影上色。

WG3　　67

用连笔的手法画出水面的颜色。

这是一幅远景的效果，不需要太在乎小的细节，把握好大的色调和画面关系即可。

71

用红色和黑色点缀画面，使画面颜色更加丰富。

2.5 铺装配景表现

2.5.1 树根铺装表现

（1）确定画面的中心，然后勾画出树根的轮廓。

（2）继续完善其他树根的铺装表现，小草用雕琢笔尖的手法表现。

（3）画出远处的树根铺装，完成线稿。

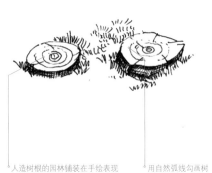

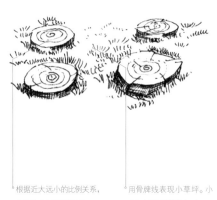

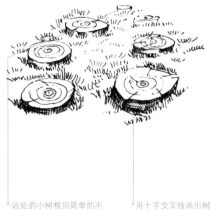

人造树根的园林铺装在手绘表现的时候，需要注意其透视关系，近处的树根要画得仔细一些。

用自然弧线勾画树根圆形，注意小圆之间相对平行。

根据近大远小的比例关系，定好每个树根的位置。

用骨牌线表现小草坪。小草与树根要错落有致。

远处的小树根用简单的不规则圆略微表现即可。

用十字交叉线画出树根的阴影细节。

（4）用淡黄色和淡绿色彩色铅笔对树根和小草的直接受光面上色，然后用浅灰色马克笔表现树根的阴影。

（5）用马克笔加深画面的色调，使画面清晰明亮。

（6）再次调整画面的明暗关系，完成上色。

在颜色表现的时候要注意过渡和色彩的轻重变化，使整个画面的颜色丰富。

在上色的时候注意留出高光的位置。

上色时不宜过满，光照强烈的面可以直接留白，草地的颜色要随着光照强度变化。

2.5.2 卵石地面铺装表现

（1）画出小路的基本轮廓。

（2）用线条勾画出不规则的小圆表现铺装图案。

（3）用相对稀疏的圆绘制出其他的鹅卵石。

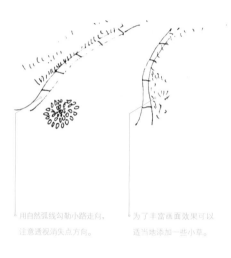

用自然弧线勾勒小路走向，注意透视消失点方向。

为了丰富画面效果可以适当地添加一些小草。

可以先画出主要的图案，然后再填充局部。

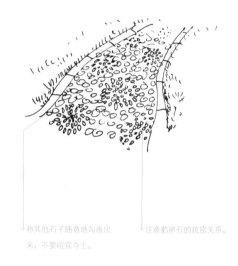

将其他石子随意地勾画出来，不要喧宾夺主。

注意鹅卵石的疏密关系。

（4）用彩铅画出基本的色调。

（5）用淡灰色马克笔加深有造型铺装的鹅卵石，然后用翠绿色马克笔对草坪着色。

（6）完善画面细节，完成绘制。

用柠檬黄彩铅表现画面的直接受光面。

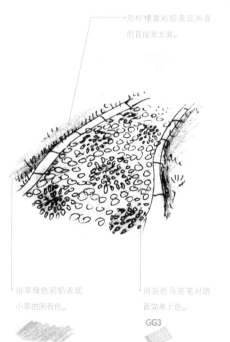

用草绿色彩铅表现小草的固有色。

用灰色马克笔对路面简单上色。

GG3

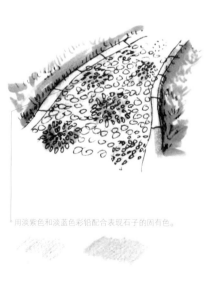

用淡紫色和淡蓝色彩铅配合表现石子的固有色。

71

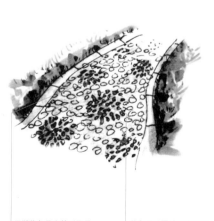

用湖蓝色马克笔对石子拼花进行加深，画好其他的植物颜色即可。

鹅卵石地面铺装在公园的小路中使用得很多，可以铺设成很多造型的图案，所以要多加练习。

2.5.3 拼接铺装表现

（1）定好中心点，然后画出路面弯曲的轮廓，并把小花丛简单勾画一下。

（2）继续绘制小花丛，线条自然流畅即可，然后将地面基本铺装形态画出来。

（3）用排线画出小花丛对石材产生的阴影，并画出石材的异型拼接。

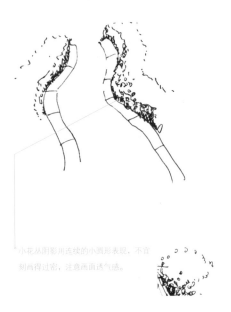

小花丛阴影用连续的小圆形表现，不宜刻画得过密，注意画面透气感。

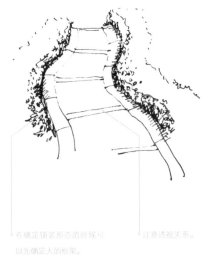

在确定铺装形态的时候可以先确定大的框架。

注意透视关系。

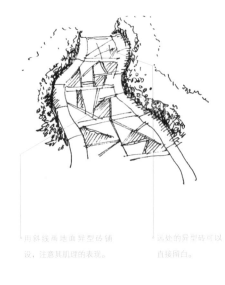

用斜线画地面异型砖铺设，注意其肌理的表现。

远处的异型砖可以直接留白。

（4）用彩铅表现画面的基本色调，为之后的马克笔上色打下基础。

（5）进一步加深画面颜色，注意石材的表现。

（6）用深绿色马克笔加深小花丛不受光面，然后用深灰色填满其中几块石材，完成全稿。

在用彩铅上色时要迅速。

先用彩铅上色，再用马克笔上色，可以使画面效果更加丰富。

地面的异型大理石铺装，要根据石材的拼接比例造型去画。

切记画面的主题，千万不要喧宾夺主。

在前面的章节中讲了很多石材的表现，可以参考。

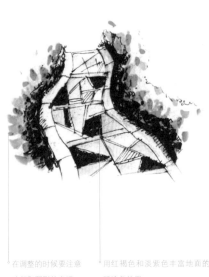

在调整的时候要注意暗部和阴影的表现。

用红褐色和淡紫色丰富地面的环境色效果。

43　51

2.6 山石水景表现

（1）使用一顿一走的笔法画石块的轮廓，线条不宜重复。

（2）画出水面波纹的线条，然后刻画出石块的阴影。

（3）添加水草丰富画面效果，完成线稿的绘制。

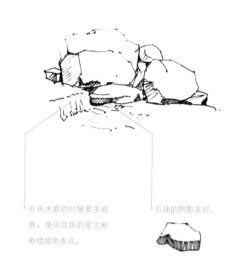

注意石块的前后穿插。

在画水面的时候要多观察，使用简练的笔法断断续续地表现。

石块的阴影表现。

在画水草的时候注意前后的层次关系。

流水和水草的柔美与石块的硬朗形成了鲜明的对比效果。

（4）用淡黄色彩铅对石块的高光面上色，然后用淡绿色彩铅表现小草，接着用淡蓝色彩铅画出水面的颜色。

（5）用淡灰色马克笔画出石材的固有色，可适当留白，然后用天蓝色马克笔表现水面。

（6）用稍深的灰色加深石材阴影部分，然后加深水草及水面暗部颜色，完成画稿。

注意不同材质的表现和光感塑造。

加深石墩和地面石块的阴影暗部，注意水面的反光。

在表现水面的时候也要考虑石块的倒影。

在加深石材阴影部分的时候不宜满铺，要营造出水面对石块产生折射的感觉。

注意相互之间的环境色表现。

WG3

67

GG5

43 17 71

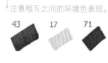

2.7 其他配景表现

2.7.1 景观路灯表现

（1）画出路灯的底座部分。

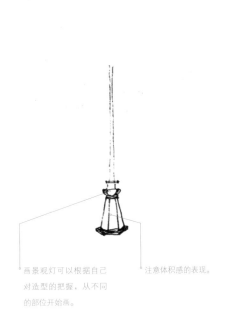

画景观灯可以根据自己对造型的把握，从不同的部位开始画。

注意体积感的表现。

（2）完善路灯的装饰设计，然后画出阴影。

用斜直线表现灯杆上的阴影面。

（3）勾画出灯罩，然后调整局部细节即可。

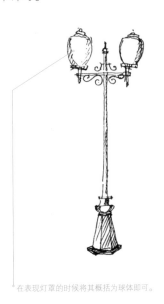

在表现灯罩的时候将其概括为球体即可。

（4）用淡黄色彩铅画出灯罩颜色，然后加深灯座的阴影。

注意灯的光感表现，营造出光照的效果。

（5）用黄色马克笔对灯罩进一步上色，然后用灰色马克笔画出灯柱的颜色。

使用平涂斜推的方法为灯罩着色，不宜画得过满，要留出高光。

49

（6）整体调整画面，完成！

调整灯罩颜色。

调整灯柱颜色。

23

CG6

2.7.2 景观石凳表现

（1）画出近处石凳和石桌的造型，线条应流畅一些。

（2）将小石凳按照近大远小的比例关系全部添加到画面中。

（3）画出地面的铺设，然后表现石凳不受光照的暗面。

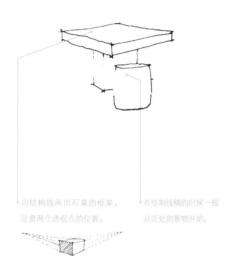

用结构线画出石桌的框架，注意两个透视点的位置。

在绘制线稿的时候一般从近处的景物开始。

用弧线勾勒小石凳的形态，注意远近关系。

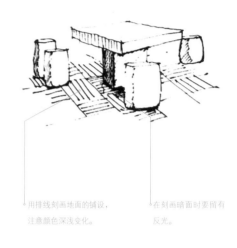

用排线刻画地面的铺设，注意颜色深浅变化。

在刻画暗面时要留有反光。

（4）用彩铅画出石凳和石桌的受光面，然后用浅灰色马克笔简单着色。

（5）用紫灰色马克笔对石凳暗部上色，表现环境色对石材的影响。

（6）用稍深的灰色马克笔继续加深阴影部分，完成全稿。

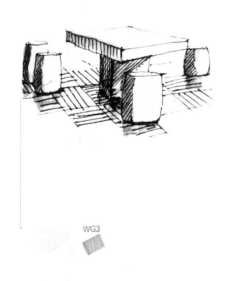

WG3

注意表现地面环境光和阴影暗部反光效果。
77

加深桌凳的阴影部分，记住留白。

WG6

小石凳在中式园林景观中，常常作为配景出现，需要注意石凳与石桌的穿插关系和空间层次感的营造。

2.7.3 景观座椅表现

（1）画公园椅子的时候要明确消失点的位置，根据透视关系画轮廓。

（2）画出小路和小草的形态。

（3）进一步添加细节，完善画面效果，完成线稿。

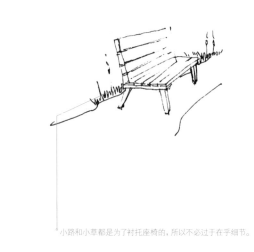

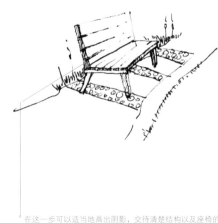

注意把握椅子的透视方向，整体成一点透视。

小路和小草都是为了衬托座椅的，所以不必过于在乎细节。

在这一步可以适当地画出阴影，交待清楚结构以及座椅的材质。

（4）用中黄色彩铅对木头材质的座椅初步上色，然后用淡绿色和淡紫色彩铅对小草及鹅卵石上色。

（5）加深画面的色调，完成基本的上色表现。

（6）丰富画面的细节，加强整体的明暗关系。

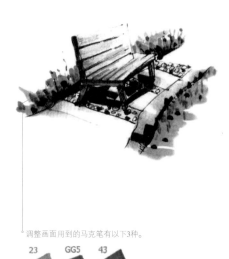

翠绿色彩铅笔触。　　　中黄色彩铅笔触。

上色的时候要根据结构上色，转折的地方颜色要深一些。

调整画面用到的马克笔有以下3种。

23　　GG5　　43

2.7.4 垃圾桶表现一

（1）勾画出垃圾桶的外轮廓，线条要简洁明了。

（2）完善垃圾桶的结构表现。

（3）用排列的线条画出垃圾桶的材质肌理感觉。

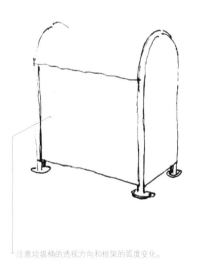

注意垃圾桶的透视方向和框架的弧度变化。

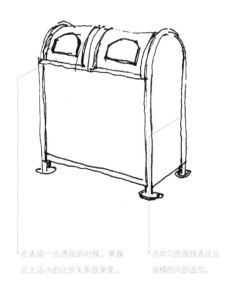

在表现一点透视的时候，掌握近大远小的比例关系很重要。

用均匀的直线表现垃圾桶的内部造型。

注意线条的粗细、疏密和间距变化。

（4）用淡黄色马克笔对垃圾桶的木纹部分上色，然后用草绿色彩铅表现钢管骨架的烤漆颜色。

用柠檬黄彩铅表现垃圾桶的高光。

（5）用天蓝色和黄色马克笔给垃圾桶盖上色，依次表示垃圾的分类功能，然后加深绿色钢管骨架部分。

（6）用褐色马克笔表现木纹材质拼接缝的深色，然后用深蓝色画出垃圾盖开口处的内部阴影，接着用灰色马克笔收拾垃圾桶的阴影细节。

用草绿色彩铅表现垃圾桶的结构架。

用中黄色彩铅表现不直接受光的面。

加深垃圾桶结构架。　对垃圾桶盖着色。　对防腐木上色。

56　67　23

102　GG5

在园林景观中，垃圾桶除了具有使用功能外，装饰功能也越来越凸显。

2.7.5 垃圾桶表现二

现代风格的垃圾桶干净明亮,在园林中使用不仅美观而且便于清洁,我们简单地处理即可。

（1）首先用直线画出结构框架。

（2）使用对称的方式画出垃圾门扇的细节。

（3）画出垃圾桶的底座,表现出简单的阴影关系。

多用硬直线,表现出垃圾桶的质感。

注意结构的透视关系。

用交叉线条画出垃圾桶内的阴影,注意不要画得太密。

用斜排线画阴影。

（4）小画面可以整体上色,由浅入深地着色可以使画面更干净整洁些。

（5）画出阴影部分,上色时要记得留白。

（6）调整画面细节,让垃圾桶的体积感更加凸显。

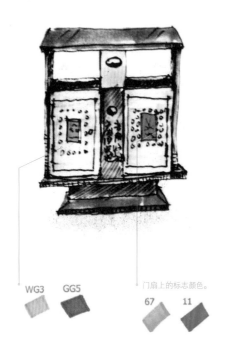

WG3 GG5

门扇上的标志颜色。

67 11

阴影可以直接用黑色马克笔表现。

以点的方式表现门扇上的装饰物。

加深的阴影。

WG6

2.7.6 景观标识牌表现

（1）找准园林标识牌的画面平衡点，画出大致的轮廓。

（2）完整地画出标识牌的轮廓结构，并画出简单的地被植物。

（3）添加标识牌上的文字和装饰细节。

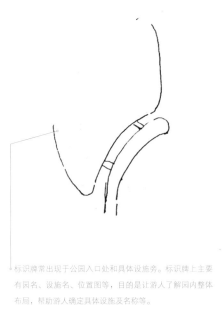

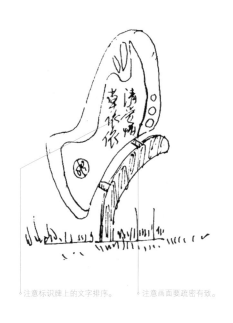

标识牌常出现于公园入口处和具体设施旁。标识牌上主要有园名、设施名、位置图等，目的是让游人了解园内整体布局，帮助游人确定具体设施及名称等。

标识牌也是有厚度的，所以一定要在结构中表现出来。

注意标识牌上的文字排序。　　注意画面要疏密有致。

（4）小草坪用彩铅简单着色，标牌直接使用马克笔上色。

（5）加深画面颜色，注意标识牌的边框刻画。

（6）用深绿色和深灰色表现暗部的层次感，并进行局部细节调整。

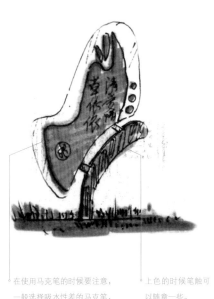

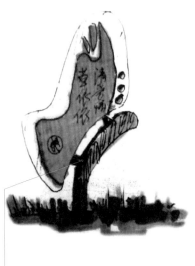

6

在使用马克笔的时候要注意，一般选择吸水性差的马克笔，表面光滑的纸张来作画。

上色的时候笔触可以随意一些。

上色切记不要太满，让画面的透气感好一些。

47　　GG3

2.7.7 景观指示牌表现

（1）确定透视中心点，然后使用均匀的线条勾画轮廓。

（2）根据透视关系完成结构的刻画，使画面具有立体感和真实感。

（3）用自然的直排线描绘指示牌上的阴影，然后写出文字完成线稿。

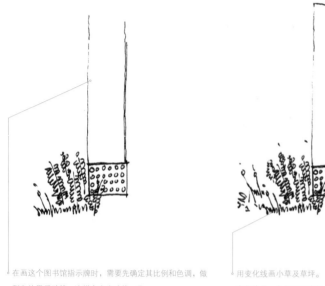

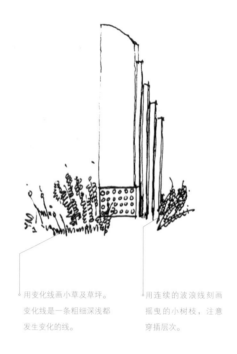

在画这个图书馆指示牌时，需要先确定其比例和色调，做到先构思后动笔，这样会事半功倍一些。

用变化线画小草及草坪。变化线是一条粗细深浅都发生变化的线。

用连续的波浪线刻画摇曳的小树枝，注意穿插层次。

景观手绘中的字体也需要注意透视关系和厚度表现。

（4）用彩铅配合马克笔共同上色表现。

（5）马克笔着色要交待清楚、干脆，切忌二次涂改覆盖。

（6）加深画面景物的暗部阴影，主次分明的交待指示牌颜色。

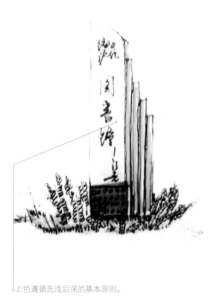

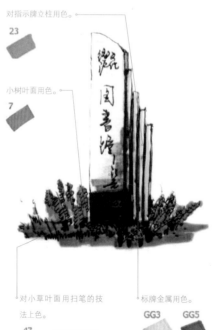

对指示牌立柱用色。

23

小树叶面用色。

7

上色遵循先浅后深的基本原则。

对小草叶面用扫笔的技法上色。

47

标牌金属用色。

GG3　GG5

调整草木的阴影颜色。

43

加深画面暗部细节。

CG6

2.7.8 景观雕塑表现

（1）从视觉中心点开始绘制雕塑结构，线条洒脱清晰。

在画的时候要注意雕塑的结构关系以及体积感的表现。

（2）把握好比例关系，将雕塑的底座画出来。

对于一些比较难表现的景观，初学者可以先用铅笔打形。

注意营造雕塑的厚重感。

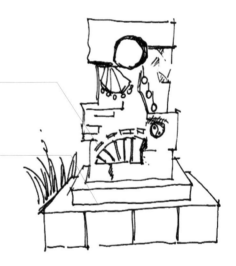

（3）将小植物配景添至画面中，切忌喧宾夺主。

轻柔自然的地被植物和硬朗厚重的雕塑形成了鲜明的对比。

小草也丰富了画面效果，避免单调。

（4）上色时先用大块面着色，将画面氛围烘托出来。

雕塑的阴影用灰色马克笔表现。

GG3

小草的颜色用彩铅表现。

（5）这一步要交待清楚画面的大体效果，用笔应大气一些。

再次对雕塑上色，加强体积感。

WG6

注意使地被植物的色调明亮。

47

（6）加深雕塑底座的颜色和地被植物的深色。

通过重色的表现使整个画面的体积感和空间效果更加明显。

现代雕塑作品种类、材质、题材都十分广泛，已经逐渐成为景观设计的重要组成部分，要注意体现硬质景观的美化功能。

3.1 装饰小品表现

3.1.1 陶罐装饰小品表现

（1）用简单流畅的弧线勾画出陶罐的轮廓。

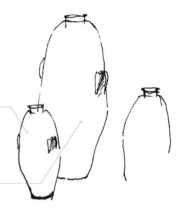

在勾画轮廓之前要先确定好主体景物的造型，做到胸有成竹。

注意画面的节奏和构图，这幅作品使用的是三角形的构图。

（2）用笔尖勾画出陶罐上的肌理细纹，并画出部分小植物。

在勾画陶罐肌理细纹的时候要随着陶罐的结构走向画。

陶罐之间的阴影用交叉线表现。

注意陶罐的遮挡和光影的变化。

（3）完善陶罐周围的植物，然后画出地面铺装，并调整画面完成线稿。

在画植物的时候线条要简洁一些，只需要把小植物的层次感表现出来就可以了。

画地砖铺设时要注意找准透视消失点位置。

（4）在上色时要从全局出发，将陶土罐和小植物上的高光
用黄色彩铅画出来，然后用绿色彩铅画出植物的颜色。

这一步上色主要是确定画面的基调，颜色不要太深。

（5）表现出陶罐的固有色和材质特点，然后加深植物和地
砖的颜色。

用土黄色彩铅画出陶罐的固有色，利用笔触的强弱关系表现暗部与亮部。

使用不规则的排笔手法，用翠绿色马克笔表现小植物。

47

注意颜色的渐变和过渡。

（6）再次调整画面，使颜色更加丰富，明暗关系协调，主
体突出。

注意小草的暗部以及陶罐与小草重叠处的阴影表现。

43 51

用褐红色彩铅丰富陶罐肌理。这里之所以没有用马克
笔给陶罐上色，是因为彩铅更能表现陶罐的质感。

用蓝灰色马克笔丰富地面的环境色彩。

77

3.1.2 创意装饰小品表现

这幅园林小品手绘，我们需要注意的是重点细节的刻画，瓷罐表面的肌理感，小植物简单交待一下就可以了。

（1）从画面的中心部分入手，将结构线画出来，注意透视关系。

注意两点透视的关系。

（2）将创意小品的轮廓结构画完整，然后画出简单的明暗关系。

透视关系是非常重要的，切记不要画得太平。

在刻画瓷罐的轮廓时注意与框架接触的体积感表现和陶瓷罐摆放的平衡性。

用相对平行的排线画阴影细节。

用虚线点出水流效果。

（3）将一些小植物配置到画面中，然后细致刻画瓷罐上的花纹细节，完成线稿。

在刻画画园林小品后的小草配景时要注意运笔的方向。

装饰纹样的表现。

用小圆形画出地面的鹅卵石。

（4）用彩色铅笔给瓷罐和小植物初步着色。

转折处的颜色要适当加深。

注意瓷罐的体积感表现。

（5）用灰色马克笔将画面的暗部加深，然后用翠绿色马克笔对小植物进行再次上色。

用紫色彩铅丰富陶瓷罐色彩。

可以将背景墙、框架和小石块的颜色用马克笔统一，使画面的色调协调。

WG3

注意水流的颜色表现。

67

（6）用深灰色马克笔加深阴影部分，然后用天蓝色马克笔表现水流，接着用深绿色马克笔加深小植物叶面重叠处，最后用褐色马克笔表现瓷罐釉面，完成画稿。

加深植物配景重叠阴影。

43　　51

注意陶瓷罐的漆面表现。

95

在表现画面暗部的时候要有透气感，切忌出现一片死黑。

GG5　　CG6

3.2 山石水景小品表现

3.2.1 石阶水景表现

（1）勾画出石阶的造型和周围植物的轮廓。

植物线稿表现时自然的勾画轮廓即可，不宜过于烦琐。

在刻画石阶形态时注意线条的变化，同时注意水草和石块的层次关系。

（2）继续完善线稿的绘制，将水中的荷叶以及水波画出来。

用不规则的波浪线画小树枝和水面波纹。

花朵和荷叶用椭圆表现。

石块台阶的阴影用排线表现。

（3）将五块石阶全部表现出来，并加深暗部，然后明确画面中心点，完成线稿的绘制。

石块与小草的远近关系要处理好。

注意石阶之间的相互衔接和层次表现。

（4）用翠绿色彩铅表现植物的叶面部分，然后用黄色彩铅表现植物和石阶的亮面。

在用彩铅上色时不宜画得太重，轻轻斜推即可。

（5）加深石阶周围植物的颜色，然后用灰色马克笔画出石阶的阴影，接着画水面的颜色。

根据植物的形态用绿色马克笔和黄色马克笔再次加深植物的颜色。

49 47

使用平涂的方法画出石阶的暗部。

GG3

在刻画水面时以连笔的方式表现。

67

（6）调整画面的明暗关系，注意重叠部分和阴影的表现，使整个画面有透气感。

在调整植物的暗部时需要从整体出发，切忌一片一片地死抠。

46

为了使画面颜色更加丰富，可以用红色马克笔点缀小花。

5

石阶重叠部分的阴影千万不要直接涂死。

CG6

在画水面的暗部时要注意植物的倒影表现。

71

3.2.2 道路水池景观表现

（1）画出石阶和花坛的造型。

这幅手绘小品是典型的一点透视，所以要明确消失点位置。

用出头线刻画台阶的结构线。

（2）画出花坛与路面的层次关系，然后用不规则的连续线画出小树的轮廓。

注意花坛的体积感表现。

花坛的阴影应该根据结构用排线表现。

注意前后的层次关系。

（3）完善右侧花坛的造型，然后用斜直线画出左边花坛的结构线，接着画出水面的荷花和水面波纹。

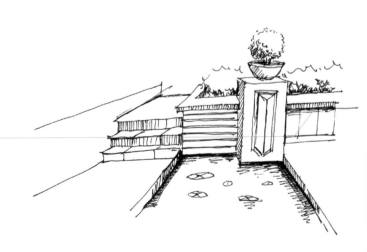

画阴影不宜画得太密实，这样画面才会显得轻松活泼一些。

（4）用雕琢笔尖的方法画出左侧花坛里的小植物配景，然后画出右侧的植物造型。

用抖线勾勒植物配景的轮廓。

注意植物的透视关系和相互之间的穿插表现。

（5）用细腻的线条画出异型砖部分，然后画出花池上的小树。

树干用枝杈线表现。

用硬直线画墙面异型砖。

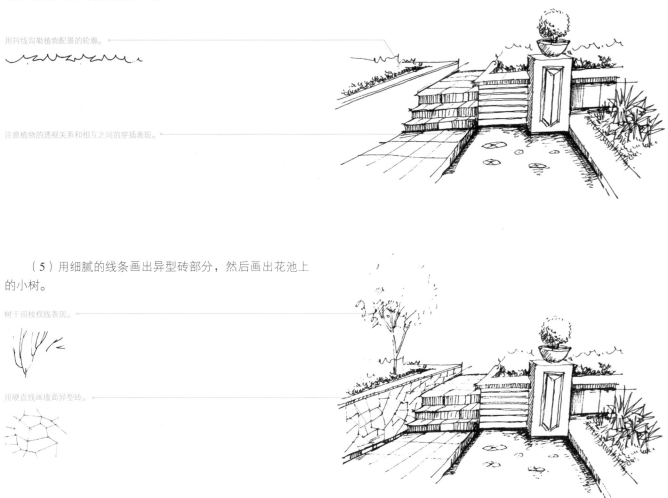

（6）画出地面砖块铺设方向，然后用自然的连续曲线画出靠后的树丛部分。

用曲线勾勒左边的树冠造型，树冠内的阴影用斜线刻画。

（7）将竹子和远处的小树添至画面中，完成线稿。

用不规则的三角形去表现右边的竹叶。

注意细化整幅画面的阴影部分，使线稿的结构明确，便于上色。

（8）用淡黄色彩铅表现植物的受光面，然后用绿色彩铅画出植物的基本色调。

在表现植物的受光面时要先确定好光源的方向。

（9）用淡蓝色和中黄色彩铅对水面和花坛上色。

用中黄色彩铅对画面中心的防腐木初步着色。

用排笔的手法对水面和地面上色。

（10）用中黄色马克笔对防腐木和景观灯上色，然后用淡蓝色和淡红色彩铅对地面上色，并用淡灰色马克笔对地面重复上色。

在运用马克笔对防腐木、景观灯和左边大树上色时要注意体积感的表现。

49

丰富画面阴影的色彩。

WG3
BG5

（11）用马克笔加深画面的颜色，使整个画面更加明朗。

水面使用连笔的方法表现。

67

在对草坪和竹竿上色时颜色要均匀，可以使用揉笔的方法为植物上色。

56 47

树干和防腐木的阴影表现要仔细。

103

远景的小树只需要简单地表现即可，不需要太在意过多的细节。

57

（12）用深绿色加深树木配景暗面阴影，然后用深灰色马克笔加深地面及花池的阴影部分，接着用深蓝色马克笔加深小水池的暗部，完成整幅小品。

在这一步调整画面明暗关系时，要从整体出发远观画面。

43

GG5

CG6

71

3.2.3 假山水景表现

（1）用简单自然的线条画出假山石块的造型，并对水面和植物的区域进行简单的区分。

用一走一顿的线条勾勒出石块的轮廓。

（2）继续为画面添加植物，然后画出石块的阴影以及水面的波纹。

用曲线勾勒出右上角植物配景的轮廓线。

水面波纹用波浪线表现。

（3）完善远景植物和近景的道路铺装表现，完成线稿的绘制。

近景的水草和石块用连续线和自然直线配合刻画。

注意整个画面的层次关系。

这幅小品的重点是石块的堆叠层次关系，植物配景交待清楚即可。

（4）用淡灰色马克笔对石块暗部初步着色，然后用淡绿色马克笔对植物配景上色，接着画出水面的颜色。

运用扫笔的方法为石块上色，这样可以表现出石块的颜色变化。

WG3

运用排列上色的方法表现水面的颜色。

67

（5）用蓝紫色马克笔加深石块暗部，表现出环境色，然后画出草坪的深色。

环境色可以使整个画面的颜色更加融合。

77

植物叶面的重叠阴影和深色表现。

46

（6）用深绿色马克笔加深植物配景暗部，然后用深蓝色马克笔加深水面与石块交接处的阴影，接着用深灰色马克笔加深石块暗部即可。

注意远景树木和草坪的颜色表现。

49　24　81

再次加深植物的暗部，表现出植物的体积感。

43

石块转折处的颜色是整个画面最深的部分。

GG5　CG6

3.2.4 自然流水景观表现

园林水景小品的表现，重点是突出波光粼粼的水面，配景交待不宜太过细腻，注意石块之间的阴影层次营造。

（1）用自然的线条勾勒出石块的轮廓以及流水的感觉。

石块的凹凸不平和阴影部分用斜排线表现。———

石块和水面的交接处是整个画面的重色部分。———

流水用断断续续的线条表现。———

一般石块的细节表现。———

（2）画出周围的植物配景。

注意石块堆叠体积感的体现，岸边的小树用不规则的小圆画叶面形态。———

（3）画出小木桩造型，注意木桩与后面小水草和石块的层次关系。

小木桩可参照圆柱体的形状画，注意木桩之间的排列穿插。———

注意木桩之间的相互衔接。———

（4）画出右下角的小草地，水面上的荷叶用不规则的弧线勾画。

用不规则的圆弧线画水面上的荷叶，注意漂浮感的营造。

（5）画出左边的水草和小树配景。

这幅作品表现的内容相对较多，要注意相互之间的关系和整个画面的空间、层次感的表现。

（6）用笔尖点画出松树的造型和针叶的部分。

松树的树叶形状如同针一样，因此在表现的时候要注意。可以用骨牌线刻画，根据树枝的伸展变化排列线条。

（7）再次调整画面，使画面的构图均衡，完成
线稿的绘制。

注意左侧柏树的穿插关系和透视表现。

注意整个画面的节奏感。

（8）用淡黄色彩铅对画面直接受光面着色。

（9）用彩铅画出其他植物的颜色。

用淡绿色彩铅画出植物的颜色。

用淡蓝色彩铅以平涂的方法对水面初步上色。

用中黄色彩铅对中景的小树上色。

（10）在彩铅的基础上用马克笔加深画面的颜色。

每一个小树桩都有自身的明暗关系变化，但是这个变化又必须服从整体的明暗关系。

在表现植物的颜色时可以使用揉笔的方法上色。

（11）用天蓝色马克笔对水面上色，然后画出大石块的颜色。

在画水面时要少量留白，让水面波光飘飘的效果更明显。

用灰色马克笔对大石块的背光面着色，高光面可以留白处理。

（12）用不同的颜色点缀画面，然后加深画面的暗部，接着整体调整画面的明暗关系，完成小品的表现。

用褐色马克笔对树桩的暗部再次上色。

用稍深的绿色马克笔加深植物的阴影，丰富树木配景的叶面颜色。

用中灰色马克笔加深石块阴影和暗部细节，注意石块与水面连接处的颜色表现。

3.3 居住空间小品表现

3.3.1 生态居住景观表现

石材雕刻的椅子和石块手绘表现时，主要是在石材原有色上加上环境色，植物配景只需稍稍刻画即可。画面的中心点一定要掌握好，尽量使色彩明快一些。

（1）用自由的线条勾画出石椅及石块的轮廓，注意椅子前后腿的透视关系。

用出头线绘制石块和椅子的结构。

注意材质的特性，经人雕刻加工后的石材造型简朴大气。

（2）勾画出小花池，并用排线表现物体的阴影部分，地面砖块铺设根据透视进行绘画。

此步骤不需要深入表达，只需要有完整的形体即可。

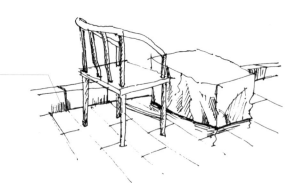

（3）用随意的连续线刻画植物配景，竹叶多用不规则的小三角形表现。

用连续的爆炸线画椅子后面的植物配景。

注意竹子之间的层次比例关系。

小块的组合，整体透视要把握得很到位，否则会破坏画面效果。

（4）上色的时候，先要观察光线照射角度，高光处多用淡黄色彩铅上色，暗部用浅灰色初步上色。

用柠檬黄彩铅表现画面的高光面。

用草绿色彩铅表现树木固有色。

石桌的背光面、椅子以及地板的颜色可以用同一种马克笔表现，使画面的色调和谐。

WG3

（5）小品上色我们可以从大局着手逐步推进，大场景在着色的时候我们可以先重点再全局。

对植物用揉笔的手法上色。

47

对石材用扫笔上色，同时丰富地面的环境色。

77

（6）加强画面的明暗对比，塑造出立体感和光感。

注意竹竿和竹叶的颜色区别。

56 43

天空用彩铅斜笔轻带，做出轻重变化。

加深画面暗部细节，凸显小品的中心部分即可。

GG5 CG6

3.3.2 阳台小品表现

（1）确定结构线，画出阳台栏杆部分。

从局部开始用斜线画出栏杆的阴影。

绘制前要仔细观察。

（2）勾画毛竹及小花盆的轮廓，用线简洁明了即可。

注意毛竹的比例关系，根据光线强弱去刻画阴影部分。

（3）画出花盆主体，然后用相对平行的排线表现阴影部分。

画小花盆时可根据圆柱体的形状去构想，初学者可用铅笔先打草稿。

注意花盆与花盆之间的遮挡，以及花盆与植物之间的关系。

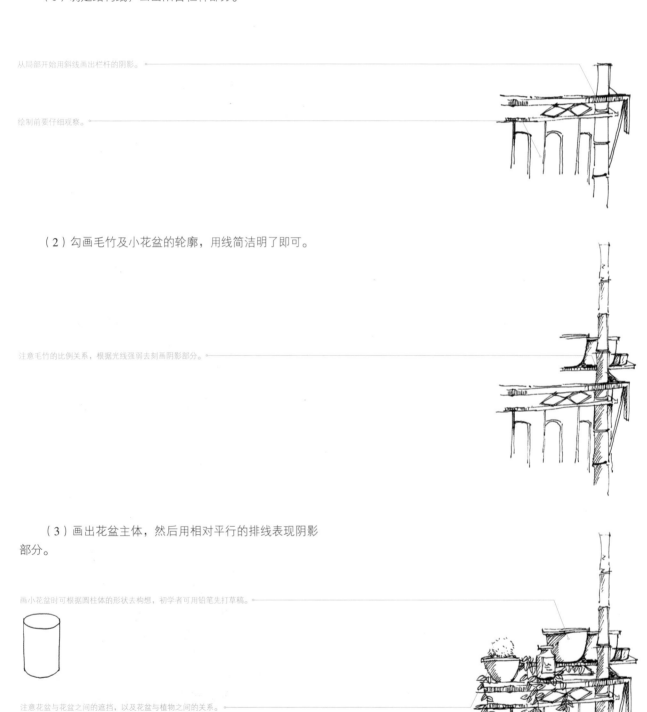

（4）画出花盆里的小植物，然后画出窗户并表现出玻璃的质感。

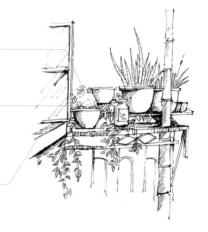

在画植物的时候根据其形态不同使用不同的笔法。

用连续线画芦荟叶面形状。

在画窗台和玻璃时要找准一点透视的方向。

（5）根据透视比例关系，画出窗户和阳台的顶面。

用均匀的直线画出阳台顶部线条，线条不宜停顿，应交待明确。

（6）用排列的交叉线加深阴影部分，然后画出伸出去的晾衣架，注意近大远小的关系。

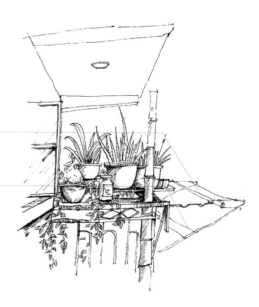

伸出的晾衣架不需要做过多的表现，简单地勾画即可。

注意整体画面的透视关系，各个景物和材质的表现清晰。

（7）用淡黄色彩铅给小花盆和毛竹的受光面上色，窗户玻璃用浅蓝色彩铅初步上色。

在上色之前要分析好光源的位置和光线照射的角度。

注意不同材质本身的特性。

（8）加深陶罐和毛竹的颜色，然后用墨绿色彩铅对窗户油漆着色。

用中黄色彩铅刻画竹竿和陶罐的颜色，上色时注意体积感的表现。

在表现窗户油漆的颜色时可以适当留白。

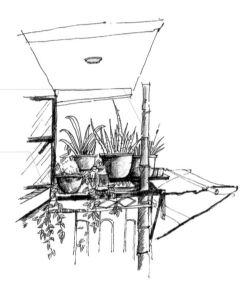

（9）用淡黄色彩铅对小植物叶面高光处上色，然后用淡绿色彩铅画出叶片的固有色，接着用灰色马克笔画出铁栏杆和天花板的底色。

每一个叶片都是有明暗关系的，所以在表现的时候要细致。

使用平涂的方法对铁栏杆和天花板上色。

GG3

（10）用中黄色和褐色马克笔加深花盆阴影部分，然后用浅绿色彩铅对垂下的小绿叶初步上色，接着用稍深的绿色马克笔对垂下的小植物再次着色，并用浅灰色马克笔对顶面暗部上色。

在对毛竹和陶罐暗部着色时，注意不要太满记得留白。

 23   103

使用平涂的方法上色，颜色要有深浅变化。

WG3

在给树叶上色时要有虚实变化，不要平均对待。

47

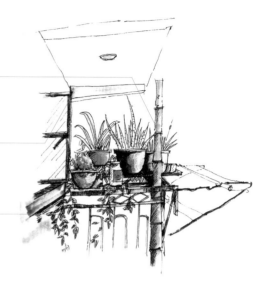

（11）用翠绿色马克笔加深植物叶面部分，窗户玻璃用蓝色马克笔再次上色。

用淡蓝色马克笔以不规则的方式排列，为窗户玻璃上色。

67

注意栏杆、花盆和窗台的深色表现。

GG5

表现芦荟叶面颜色的马克笔。

46

（12）加深阴影部分，调整画面细节，完成创作。

用深灰色马克笔调整栏杆的颜色和暗部细节。

43   CG6

用红色马克笔丰富花盆的颜色。

14

3.3.3 中式庭院小品表现

（1）从画面的中心点开始画出遮阳伞和石凳的结构，
线条应明确简练。

初学者可以根据线稿成图画出铅笔草稿，然后从中心点开始往外绘制。

（2）根据近大远小的透视关系依次画出石桌和其他的
石凳，并表现出明暗关系。

根据透视方向用出头的直线画出石墩的框架，注意其穿插关系。

（3）用直线画出围墙栏杆的结构部分。

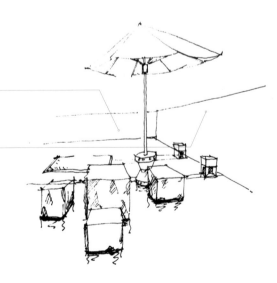

如果对线控制能力有限的话，可以用尺子辅助完成。

注意空间感的体现和透视关系的把握。

（4）用排线的方式画出墙面栏杆部分的形态，然后根据透视用直线表现地面铺设。

在表现地面铺设的时候，不要因为地面的物体而扰乱了透视关系。

用平行线画墙面的肌理。

（5）用自然的线条刻画大树的枝干部分，根据受阳光照射的情况画出少量阴影。

用枝杈线条画出大树的枝干伸展，注意线条的粗细变化。

（6）画出远处的围墙，大树上的树叶用不规则圆圈表现即可。

用不规则的小椭圆画树叶形态，近实远虚地刻画画面的层次感。

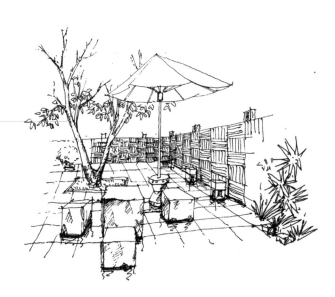

（7）仔细刻画大树树叶部分，尽量表现出层次感。围墙外的树木用简单的不规则连续线表现即可。

远处的树尽量虚化处理，围墙外的树冠用齿轮线绘制。

（8）用淡黄色彩铅对石桌和石凳的受光面上色。

使用扫笔的方法画高光。

（9）画出小草、树叶、墙面和植物的固有色。

用中黄色彩铅对墙面初步着色。

用草绿色彩铅表现树木固有色。

（10）用黄色彩铅对遮阳伞上色。地面先用淡蓝色和淡黄色彩铅轻扫表现环境色，再用浅灰色马克笔初步上色。

遮阳伞表面的颜色和内部的颜色是不一样的，要区别对待。

地面使用大面积平涂的方法表现。

GG3

（11）用绿色马克笔对树冠上色，大树枝干部分用黄色马克笔和褐色马克笔配合使用着色，然后用蓝灰色马克笔加深石桌、石凳的暗部和地面的颜色，接着用中黄色马克笔加深围墙栏杆部分的颜色。

用草绿色以揉笔的方法对树木配景着色，可少量留白增加透气感。

在给树干上色时注意明暗关系。

47

103　95

为了使画面颜色丰富可以再次调整树叶的颜色。

57

地面及石凳的阴影暗部要有透气感。

WG3　CG4

对墙面木制材质上色要少量留白，让画面更有透气感，近实远虚地上色。

23

（12）整体调整画面，加强阴影和光感的表现，使近处的中心部分更加地凸显出来。

加深遮阳伞内不直接受光面。

加深远处围墙的颜色。

95

加深树叶的重叠阴影。

43

加深石块和地面的暗部阴影。

GG5　CG6

3.3.4 别墅入口小品表现

（1）确定墙壁的结构线，然后用自然流畅的线条勾画。

用相对均匀的直线画墙体的结构线。

（2）确定透视点位置，画出稍远处的铁艺门，台阶及墙面阴影均用相对平行的排线表现。

用斜排线和平行排线画出画面阴影细节。

注意台阶的层次关系把握和比例的控制。

用自然的变化线画铁艺栏杆和铁门。

（3）画出延伸的墙面，线条自然简洁即可。

准确地定位透视点位置。

相互遮挡的景物要划分清楚。

（4）简单地交待清楚左下角的树叶和花坛造型，然后用自然的弧线画出墙体上的铁艺支架。

用自然的弧线仔细刻画左下角的树叶形态，注意欧式盆栽和前面植物的穿插。

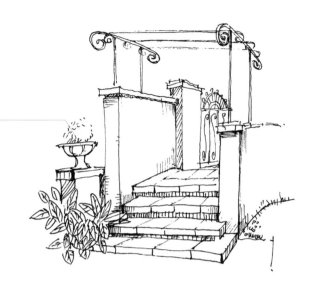

（5）画出铁艺支架上的植物，丰富画面。

仔细观察铁艺栏杆的穿插线条，注意画面的延伸。

用曲线画出铁艺栏杆上的树叶形态，注意树藤的自然垂落感。

（6）画出右侧围墙周围的植物。

用不规则的小圆绘制右下角的小树叶形状，近实远虚地刻画景物。

连排植物只需把前面几棵的形体透视表示清楚即可，后面概括表现。

（7）用斜直线仔细地画出地面异型砖铺设，然后用雕琢笔尖的手法画小草地。

用硬直线刻画地面异型砖铺设。

用小排线描绘阴影细节。

（8）用彩铅定出画面的主要色调和部分物体及材质的色彩变化。用彩铅区分画面的几大色块，让自己一目了然。

用柠檬黄彩铅对画面的直接受光面扫笔着色。

用草绿色彩铅表现树木的固有色。

用中黄色彩铅对墙面二次着色。

（9）用翠绿色马克笔对右边的植物上色，铁艺支架用稍深的灰色马克笔上色。

对植物用揉笔的手法上色。

47

对围墙台阶扫笔上色。

77

（10）用淡红色和淡紫色彩铅对异型砖上色，台阶暗部用中灰色马克笔加深。

用淡紫色彩铅对地面异型砖上色。

为左下角的植物上色，近处的铺装可以上得足一些。

46

（11）围墙不直接受光面用灰色马克笔加深，拉开前后关系。

注意围墙和台阶的光感表现。

WG3

在给铁艺栏杆上色时留出高光面。

CG6

（12）用深绿色马克笔加深叶面重叠产生的阴影，然后用深灰色马克笔加深台阶及围墙暗部，收拾画面，完成！

加强台阶和围墙的体积感。

WG6

在表现阴影的时候要注意用笔的走向。

43　　BG9　　CG6

3.4 公共休闲区小品表现

3.4.1 广场喷泉小品表现

（1）根据透视画出花池造型和里面的植物。

在作画之前要先确定画面的透视点，是一点透视还是两点透视，然后根据透视开始刻画。

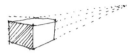

用自然平行的直线刻画花坛上的砖块排列。

（2）继续完善主体景物的结构造型。

用斜线排列出阴影细节，注意直线和弧线衔接的透视关系。

（3）画出花坛上面的大理石铺装，然后用雕琢笔尖的方法刻画喷水溅落水池的效果。

用虚线点画出水流效果，注意处理好花坛近大远小的透视关系。

水的材质表现可以参考前面的知识。

（4）画出地面的铺花，并完善花池内植物的表现。

在画地面砖块的时候，应该注意近大远小的透视关系。

用连续线重复画小植物配景。

用不规则的线点画出小树丛的外轮廓。

（5）画出人物和车辆配景，然后根据比例关系画出远景和中景的树木。

车辆和人体都是确定画面比例的重要依据。

画树木植物时根据其形态刻画；阔叶树木可以用大块面表示；近处的树木主要注意其枝干的刻画；远处的树木简单勾画轮廓即可。

用爆炸线去刻画画面中心的大树树冠，远处的小草用骨牌线表现。

（6）继续完善其他配景的表现，然后加深阴影细节，完成线稿。

用线条轻松地勾画远处的树木配景。

注意丰富画面的细节，各部分的层次、空间感要明确。

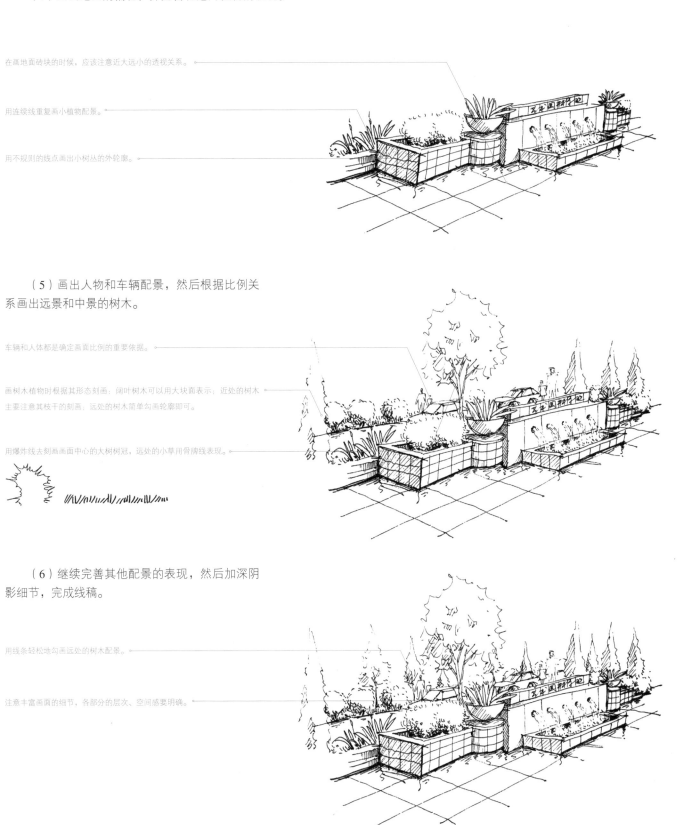

（7）用淡黄色彩铅对花坛造型的受光处上色。

上色时要根据不同的材质特点有不同的轻重变化。

（8）用彩铅确定其他景物的基本色调，为马克笔表现打下基础。

用草绿色彩铅大概地表现树木的固有色。

用扫笔的手法对水面初步上色。

远处的植物可以浅一些。

（9）用翠绿色马克笔对大树上色，然后用灰色马克笔画出花坛和地面的底色。

上色时切记不能太满，要根据叶面的形态上色，将层次感表达出来。

47

稀疏的树叶用不着浓密的彩铅，轻带一遍即可。

使用平涂的方法表现底色。

GG3

（10）用中黄色彩铅调整花坛的颜色，然后用浅蓝色马克笔表现水流，接着用灰色马克笔加深地面的阴影部分。

注意画面颜色的协调和呼应。

在给树干上色时手法要灵活，注意画面留白。

95

（11）对主要的植物进行着色，画出明暗和前实后虚的基本关系，然后加深花坛的颜色。

远处的松树用稍深的绿色表现，近实远虚地呈现其色彩关系。近处用色亮一些会更加凸显中心位置。

57

在对花坛上色时可以通过留白的方式表现高光。

24

（12）用红色和蓝色马克笔加深小轿车的颜色，然后用深绿色和湖蓝色马克笔加深树木中叶面重叠的阴影部分，接着用深灰色马克笔调整整个画面的阴影细节部分，完成！

花坛的阴影颜色。

WG3　　GG5

植物的深色表现。

43

画面最深的颜色表现。

CG6

3.4.2 室外咖啡厅小品表现

（1）从画面的局部开始用出头的线勾画出休闲
椅的造型。

记住透视关系和消失点位置，每条横着的线条都是平行于地平线的。

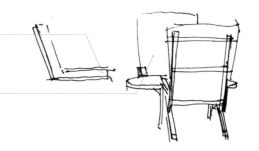

大画面从局部入手画考验造型能力，初学者可以参考完成线稿用铅笔构图。

（2）继续完善座椅的结构表现。

找准中心点，注意椅子之间的透视关系，并注意椅子上木板的排列透视关系。

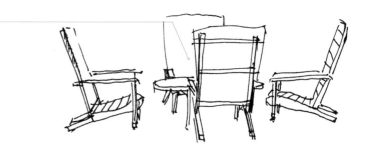

（3）用排线表现椅子后背的木板形态，并画出
地面的投影，然后画出地面的大致轮廓。

用平行排列的线条绘制椅子材质的肌理及阴影效果。

注意地面的厚度体现。

（4）继续完善地面的结构，然后画出远景的
水面。

用连续波浪线画出远处的水面效果，注意画面的递进关系。

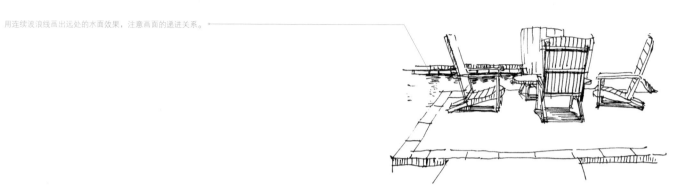

（5）画出造型墙，然后用连续线勾画小植物。

一点透视相对简单一些，定好平行线及消失点位置，所有景物近大远小地
绘制出来。

在表现造型墙时用线要干净利落，不宜有重复线条。

（6）画出遮阳伞和水面的荷叶，然后画出地
面斜铺的地砖。

画遮阳伞时需注意伞骨架与椅子重叠处的穿插关系。

用雕琢笔尖的方法表现后面的小树丛。

水面的荷花用椭圆表现，注意疏密的排列。

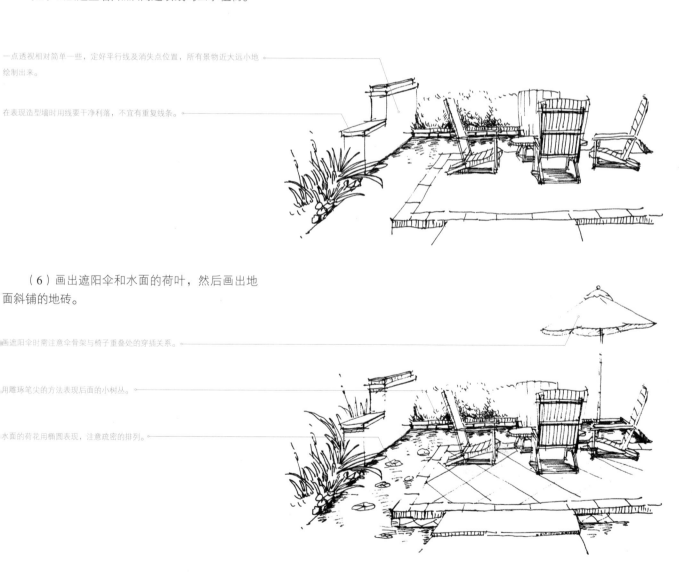

（7）将稍远一些的树木添加到画面中，然后画出旁边的人行走道和配景人物，完成线稿创作。

用放射的连续线画植物配景和远处椰子树的枝叶。

用自然线随意勾画人物轮廓。

（8）用彩铅确定画面的基本色调。

用柠檬黄彩铅表现画面景物的亮面。

用草绿色彩铅对植物配景初步着色。

用中黄色彩铅对休闲椅和遮阳伞上色。

用排笔的手法对水面初步上色。

（9）用黄色马克笔再一次对椅子上色，并用稍深的灰色马克笔加深地面及不受光阴影部分。

在表现树叶时由内向外点笔，内紧外松。

47

注意椅子正面和背面的颜色变化。

23

在表现地面的颜色时还要考虑环境色，因为任何一种物体都不是孤立存在的。

WG3 77

（10）用蓝色马克笔加深水面颜色，然后用
浅褐色马克笔加深休闲椅暗部，接着用较深的灰
色马克笔加深地面与水面接触的阴影部分。

使用连笔的方法表现水面的颜色，上色不宜过满，留出高光。

67

椅子暗部的颜色。

95

（11）用绿色马克笔对远处树木的叶面上
色，并仔细观察调整画面细节。

用扫笔的手法对远处椰子树上色。

远处小树用简单平涂即可。

57

（12）用深蓝色马克笔加深水面的暗部，然
后用湖蓝色马克笔加深植物配景的阴影部分，完
成整幅作品。

水面的反光要表现出来。

71

地面上的影子画的时候注意笔的走向，不要太烦琐，那样反而影响效果。

GG5　　CG6

造型墙简单带出明暗关系和部分色彩即可。

主意水草的阴影颜色表现。

43

3.4.3 室外餐厅小品表现

（1）画出单个组合座椅的外轮廓。

注意透视方向的把握，以自然直线配合弧线的方式绘制。

初学者如果对透视把握不够，可以先用铅笔打形。

（2）画出小花池及植物配景。

小植物可以用雕琢笔尖的方法绘制，线条自然一些即可。

小树用点线面结合的方式表现。

（3）用交叉的排线表现出景物表面的肌理效果和阴影。

用交叉线表现藤椅的肌理感。

用相对平行的排线画椅子的阴影细节。

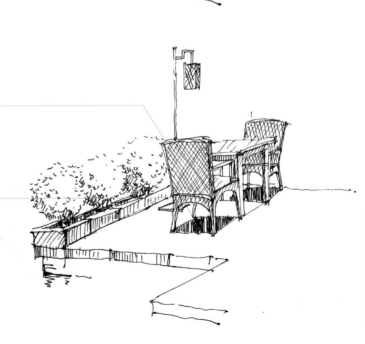

（4）画出地面与水面接触的阴影及波浪效果，
线条要自然连续，不宜刻画过度。

根据透视点方向画出地面的砖块铺设。

用变化线画台阶与水面接触处的阴影效果。

（5）根据透视比例关系画出地面砖块的铺设，然
后添加水草到画面中，让画面层次更加丰富起来。

注意画面的层次关系，用连续线错落有致地画水草。

（6）更加仔细地画出地面铺设及远处树木的轮
廓造型。

用自然线简单交待远处的小树配景。

水波用波浪线刻画。

用椭圆形画近处的荷叶。

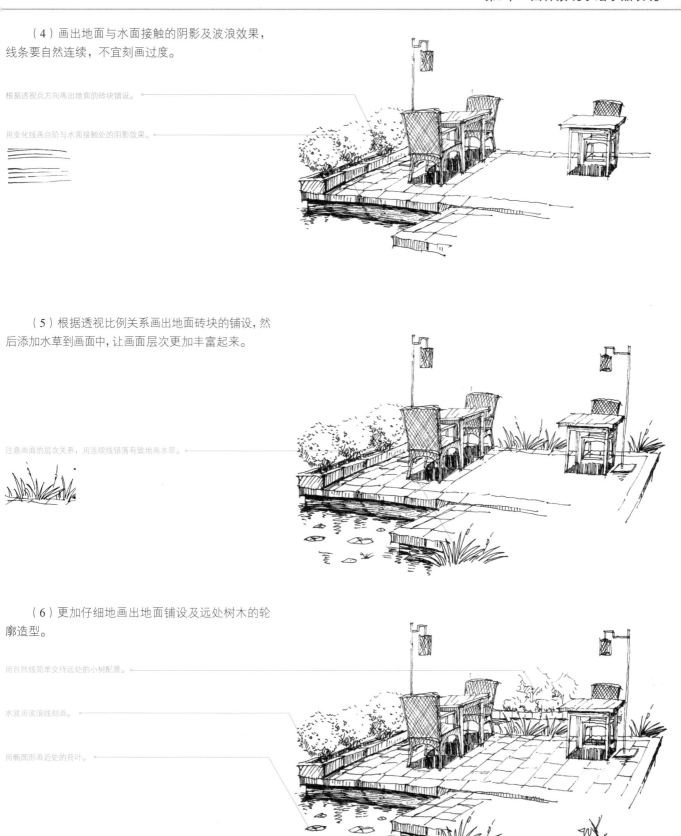

（7）将近处的石块、小树细致地画出来，然后加深画面阴影暗部，完成整幅画。

用笔要明确细腻。

注意近实远虚的透视关系。

（8）用淡黄色彩铅表现地面树叶等高光面。

景观小品着色使用从整体到局部的方法依次上色。

（9）用草绿色彩铅表现植物的固有色，然后用中黄色彩铅对藤椅初步着色，接着用排笔的手法对水面初步上色。

用彩铅确定了画面的基本色调以后就可以用马克笔上色了。

（10）用灰色马克笔对地面上色，阴影部分用更深的灰色马克笔上色，桌椅组合部分用中黄色马克笔着色。

对藤椅及左边的树丛上色，记得少量留白。

24

注意画面的暗部和阴影表现。

WG3　　GG5

（11）加深水面和植物配景的颜色，应少量留白增加画面的透气感。

对植物配景用扫笔的手法上色。

47

用天蓝色马克笔对水面和桌面玻璃上色。

67

（12）用浅咖色马克笔加深桌椅组合的阴影暗部。小花池内植物用黄色马克笔着色，然后用深灰色马克笔加深阴影暗部，接着用深绿色马克笔加深植物配景叶面重叠部分的阴影，使整个画面的层次感更加丰富一些。

丰富植物配景的叶面颜色。　57

对藤桌椅的暗部再次上色。　95

注意植物阴影的表现。　43

在加深水面和阶梯暗部时要注意反光。　71

画面的重色用下面的马克笔表现。　GG5　CG6

3.4.4 娱乐设施小品表现

（1）勾画出蹦床的外轮廓。

初学者可根据线稿成图用铅笔打形后再进行创作。

可以将蹦床的外轮廓概括为一个简单的锥体，再表现内部结构。

（2）用波浪线画出幼儿蹦床的遮阳布和防护绳，并画出蹦床的底座部分。

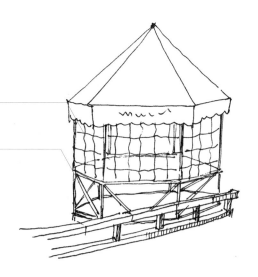

在刻画时注意其框架的透视关系。

注意把握好画面的层次推进。

（3）将小广场的安全护栏画出来，并对水面进行表现，然后加深暗部和阴影部分。

水面波纹用连续线表现。

水面上的台阶护栏用自然弧线表现。

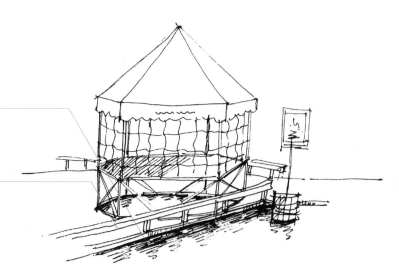

（4）将水面的小荷叶、游船以及远处的人物和树木画出来。

画面主要是表现幼儿蹦床，所以远处的人物尽量虚化处理。

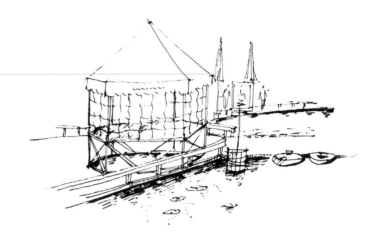

（5）根据消失点方向，将小广场的地面砖铺设画出来，然后画出远处的遮阳伞和人物。

注意观察画面中的地面形态是由两个椭圆组成的。

用直线交叉排列出地面砖块。

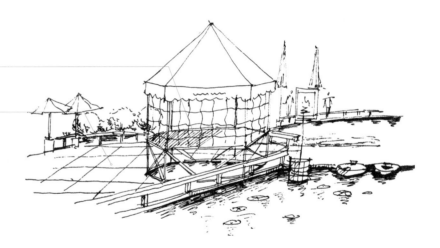

（6）画出远处的白杨树和松树。

白杨树直接勾出轮廓，松树主要是枝干的刻画。

用枝叉线画出远处的大树枝，小树丛用抖线处理。

（7）用淡黄色彩铅对蹦床的顶部雨棚初步上色，然后用天蓝色彩铅对水面上色，接着用淡红色及淡黄色彩铅对小广场初步上色。

地面高光也是用黄色彩铅表现，再用马克笔对地面砖块初步着色。

WG3

水面用淡蓝色彩铅扫笔上色。

（8）用深蓝色彩铅加深水面阴影部分，然后用黄色马克笔对安全绳着色，接着画出远处灌木和荷叶的颜色。

用翠绿色彩铅对水面荷叶和远处的小树丛着色。

用湖蓝色彩铅对水面与岸边接触的阴影上色。

注意地面环境颜色的丰富。

77

（9）继续完善其他景物的颜色，然后用灰色马克笔加深地面阴影部分。

用红色彩铅丰富画面内的小景物。

注意蹦床的表现，因为它是整个画面的主体。

49

（10）加深水面和远处乔木的颜色，使画面的色调明确。

对植物用揉笔的手法上色。

  47 56

对水面上色不宜过满，要少量留白，让画面层次丰富起来！

 67

（11）用稍深的灰色马克笔加深蹦床阴影部分，水面暗部用蓝灰色马克笔着色。

加深蹦床内阴影效果，表现出蹦床的空间感和立体感。

 WG6

（12）强调画面的明暗关系，然后收拾画面细节，完成整幅画面。

用深蓝色马克笔加深水面暗部。

 71

用深绿色马克笔加深树木的叶面重叠阴影部分。

 43

暗部的颜色要透气。

 CG6

3.5 景观亭小品表现

3.5.1 简洁凉亭小品表现

（1）画出凉亭顶部线条，然后用直线组织结构。

画主体物的顶部，可以参照三角形来画，把握好透视方向，线条多用均匀的自然直线。

（2）画出凉亭的主体部分，阴影部分用排线表现。

适当留白使画面显得不那么死板。

注意控制画面的平衡感，由局部到整体绘制。

（3）用连续的波浪线画出凉亭瓦片部分，然后画出地面的地平线。

用直线和波浪线结合的手法画出景观顶部的瓦片。

（4）根据透视关系，画出小桥护栏部分
和地面铺设。

主体物阴影用斜排线表现。

根据透视方向画地面的砖块铺设，注意栏杆的前后层次关系。

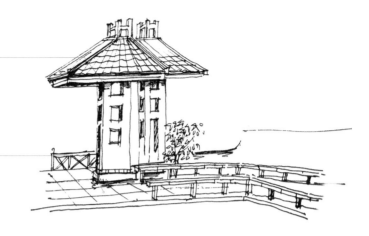

（5）画出造型石块及柳树枝干，用自然
的弧线表现即可。

用自然变化的线条画小树的枝干和石块轮廓。

柳树条用粗细不均的弧线去刻画。

（6）继续完善台阶下的卵石铺装，然后画出
远处的水面及小树，简单刻画轮廓就可以了。

用变化的抖线表现右上角的树木配景。

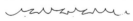

用不规则的椭圆刻画台阶下的卵石形态。

（7）画出远处的松树和房子，线条不宜
太复杂，然后收拾画面细节，完成整幅线稿。

用出头线画出右上角的房屋配景。

注意整个画面的结构安排和视点的延伸。

（8）用淡黄色和淡红色彩铅对瓦片及柱
体受光面初步上色。

用彩铅表现时颜色淡一点，同时注意轻重的变化。

（9）用淡蓝色彩铅对水面初步上色，然
后用绿色彩铅确定画面中绿色景物的基调，接
着用浅灰色马克笔加深地面阴影暗部。

用翠绿色彩铅对近处的植物初步着色。

注意近景水面和远景水面的颜色区别。

（10）加深景观亭的颜色，然后加深地
面和石块的暗部色调。

用红色马克笔对瓦片再次着色，并少量留白表现高光部分。

11

用中黄色彩铅对景物墙体上色。

（11）用绿色马克笔对近处的柳树及远
处的小树上色，然后用蓝灰色马克笔加深小
桥底座部分。

用淡黄色彩铅和淡蓝色彩铅表现地面受环境光照射的感觉。

柳树的颜色在表现时切忌一条一条地刻画，要注意块面感。

47

对水面连笔上色，上色不宜过满，少量留白，让画面层次丰富起来！

67

（12）用蓝色马克笔表现水面波纹，并
用深蓝色加深水面与小桥底座接触的暗部，然
后加深远景植物和房子的颜色，接着调整画面
细节，完成上色。

对远景植物用揉笔的手法上色。

47 56 43

注意水面暗部颜色的变化。

71

用马克笔丰富地面和台阶暗部的阴影色彩。

77 CG6

3.5.2 中式凉亭小品表现

（1）首先，从亭子的框架开始画，注意柱子的穿插透视关系。

分析亭子的柱体结构，底座宽上边窄是典型的圆锥体。

（2）画出亭子下方的栏杆部分，注意线条的简洁性。

找准地平线的位置，近大远小地画亭子地结构，线条多用均匀的直线。

（3）完善亭子的结构，然后画出亭子的瓦片，并进行材质的区分。

瓦片不用全部画得太密实，太密会显得过于死板。

用变化的排线刻画亭子的雕花效果，使画面更具趣味感。

（4）画出石凳和石桌，丰富画面效果。

注意层次关系。

注意空间比例的表现。

（5）画出亭子周围的植物配景。

小树丛的叶面用不规则的小圆勾勒。

用雕琢笔尖的笔法画出地面小树部分。

（6）画出水草及小石块配景，然后画出远方的树木和湖泊，接着画出空中的小鸟，最后调整细节完成线稿。

空中的小鸟不仅可以活跃画面气氛，还可以调节画面的平衡感。

画水草以连续线为主，小草用小笔触画。

地面草坪用变化的骨牌线刻画。

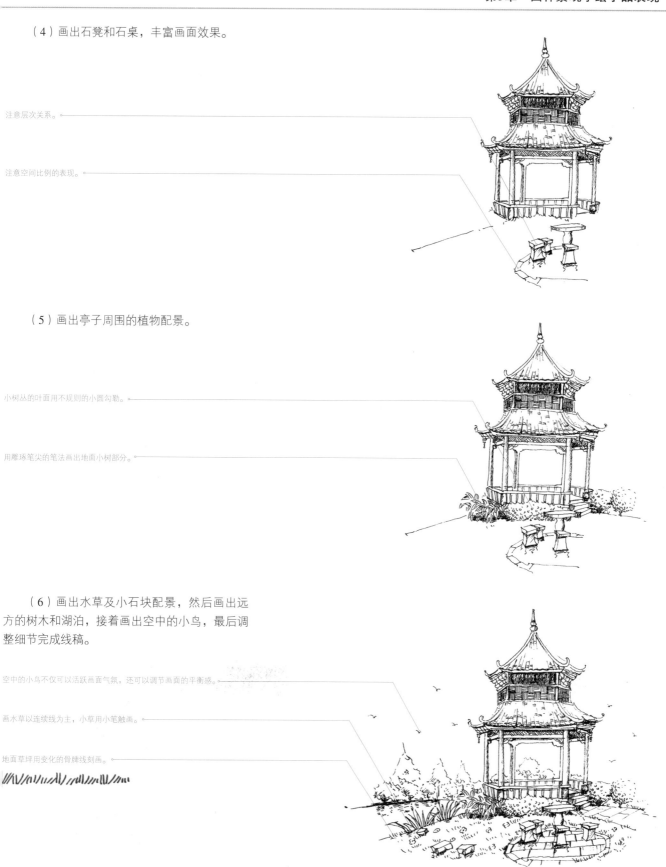

（7）用淡黄色彩铅表现小草和地面的高光部分。

使用斜笔轻推的方法上色。

一些地方可以直接留白。

（8）用彩铅确定亭子的基本色调，然后用马克笔画出石桌和石凳的底色。

用中黄色彩铅对亭子木质结构上色。

用蓝色彩铅对亭子的琉璃瓦上色，少量留白。

注意石材"硬"的质感表现，以及转折处的颜色。

WG3

（9）用翠绿色马克笔对地面小草部分着色，然后用淡蓝色马克笔对瓦片上色。

对瓦片用不规则排笔手法上色。

77

表现亭子木质结构的阴影和暗部时要注意体积感的塑造。

102

在表现草坪的时候注意块面感的表现。

47

使用平涂的方法画出地面的固有色。

GG3

（10）加深水面和亭子的色调，然后用灰色
马克笔表现石凳和石桌的阴影。

突出木质的表现。

24

小花朵用粉色马克笔点缀，丰富画面。

17

（11）远处的树木用稍深的绿色上色，然后
用褐色马克笔加深木质结构的阴影部分。

远处的小树配景简单交待即可，注意画面的近实远虚的原则。

57

（12）加强景物的明暗关系对比，突出主题
景物，塑造空间感和体积感。

用深绿色马克笔加深树木配景的阴影部分。

43

水面先用天蓝色上色，再用深蓝色加深水面，产生倒影的感觉。

67 71

用深灰色加深画面中较暗的地方。

GG5 CG6

3.5.3 欧式凉亭小品表现

（1）画亭子的柱体及顶部。

这是一点透视的景观练习，找准消失点的位置。

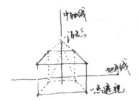

（2）画出亭子底座结构，要明确消失点的位置，然后画出小花坛及小树部分。

用变化线绘制亭子的顶部和底座结构线。

用自然的弧线画亭子柱体和小花坛造型。

（3）画出台阶及地面砖块铺设，然后画出顶部的瓦片。

根据透视点方向画出亭子内地面砖铺设。

砖块线条以消失点为聚集点。

墙体的异型砖要细致表现。

（4）完善道路两边的花池表现。

阴影用平行排线刻画。

小草丛用不连续的波浪线绘制。

注意花池的体积感表现。

（5）画出地面的斜向铺装，然后画出亭子右侧的水面和植物。

用排线表现台阶的阴影部分。

用交叉的自然直线画出地面砖的铺设。

注意画面的层次变化。

（6）勾出左侧远处小树的轮廓，然后画出远处的椰子树及地下的小草，完成线稿。

用抖线画远处的树冠，远处的树木配景简单勾画即可。

用发散的自然直线勾画右上角的椰子树叶面，注意近实远虚的变化。

（7）用淡黄色和淡绿色彩铅对凉亭和树丛的亮面上色。

用柠檬黄彩铅对画面高光面初步上色。

用草绿色彩铅表现树木固有色。

着色一般使用由浅入深的方法。

（8）继续用彩铅确定其他景物的色调和材质表现。

用淡红色彩铅对亭子的瓦片上色。

用排笔的手法对水面初步上色。

（9）加深屋顶瓦片红色，然后用绿色马克笔画出树丛的颜色，接着画出水池荷叶的颜色。

使用揉笔的技法对小灌木上色。

47

注意颜色之间的呼应。

（10）用黄色马克笔加深柱体色彩，然后用
灰色马克笔对地面台阶上色，接着用天蓝色马克
笔对水面上色。

在给柱体上色时要根据其结构轮廓
表现出柱子的体积感。 49

在表现地面的颜色时要注意其他景
物的阴影表现。 WG3 GG5

为了使画面效果丰富，远处的植物
可以使用不同的颜色表现。 57

水面使用连笔的手法着色。

（11）用中黄色马克笔对远处的小树上色，
椰子树的枝干用灰色和褐色马克笔配合上色。

对右上角的植物配景使用排笔的方法上色。

47

上色可以根据植物叶面形态去表现。

远处的植物简单带过即可。

（12）加强主题物的颜色，丰富画面的层次
关系，然后调整细节。

注意景物之间的环境色影响。 77

用深绿色马克笔加深树木叶面重叠
的阴影部分。黄色小树阴影部分用
深咖色马克笔表现。 43

用深蓝色马克笔加深水面倒影部分。 71

用深灰色马克笔加深整幅画面暗部
细节即可。 CG6

3.5.4 生态凉亭小品表现

（1）从亭子的外轮廓开始起笔，线条要明确简练。

仔细观察亭子形态，用相对均匀的直线刻画亭子的柱体等结构线条。

（2）画出亭子内地面的砖块铺设，然后将小植物及山石配景画出来。

用曲线表现亭子顶部的结构。

用连续线画小草和配景树叶面形态。

注意台阶的透视关系。

（3）简单地表现出远景植物，然后画出水面的波纹和小荷叶，接着用连续线表现岸边的水草。

用抖线画亭子后面的树木配景。

用不规则的椭圆画岸边石块和荷叶形状。

（4）画出小木桥，注意木桥与岸边线条的透视关系。

注意防腐木小桥的肌理感。

（5）画出稍远的水面，然后画出近处的小石块和水草。

根据近大远小的绘画原理，石块和水草要详细表现。

（6）仔细刻画小木桥肌理部分，并画出近处的阔叶植物，然后将远方的大树添至画面中，简单画出轮廓即可，接着调整线稿细节部分。

树干形态表现。

用不规则的自然弧线画出树叶形状。

用骨牌线表现草坪。

（7）用淡黄色彩铅表现植物和地面高光部分，然后用淡绿色彩铅对小植物初步上色。

彩铅和马克笔配合上色，能使画面效果更加细腻。

（8）用淡蓝色彩铅表现水面的波纹，有树木倒影的部分用淡绿色加深。

在给水面上底色时，颜色要淡，可以多留白，表现高光。

对小桥和亭子顶部上色时要注意材质的表现。

（9）画出植物配景、石块和水面的固有色。

用湖蓝色彩铅加深水面波纹，与水面交接的地方颜色较深。

对路面使用排笔的手法上色。

CG4

对植物用揉笔的手法表现。

47

（10）用土黄色和浅褐色彩铅画亭子的主体部分，然后用蓝灰色马克笔画地面的石块铺设，小木桥用中黄色马克笔表现。

对亭子顶部上色时跟随第一遍的颜色用褐色彩铅加深，再用马克笔调整。

102

对防腐木小桥上色时要少量留白。

49

对水面使用连笔的手法上色。

67

（11）继续丰富画面细节，然后
将后面的植物配景画出来。

直接画深色部分，亮部直接留白即可。

57

注意地面的颜色表现。

77　　**GG5**

（12）收拾画面细节，整体检
查，完成！

用稍深的灰色马克笔加深阴影暗部。

BG9　　**CG6**

远处的植物配景简单地交待即可，近实远虚地上色，让
画面中心更加突出。

43

木桥用橘红色加深暗部阴影。

95

第4章

园林景观手绘大场景表现

4.1 古典园林建筑景观表现

4.1.1 徽派水景建筑大场景

（1）用直线勾画出近处的房屋轮廓，并简单地表现出阴影。

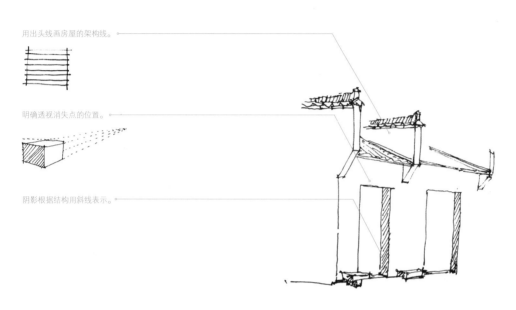

用出头线画房屋的架构线。

明确透视消失点的位置。

阴影根据结构用斜线表示。

（2）用自然的线条画出大树的枝干。

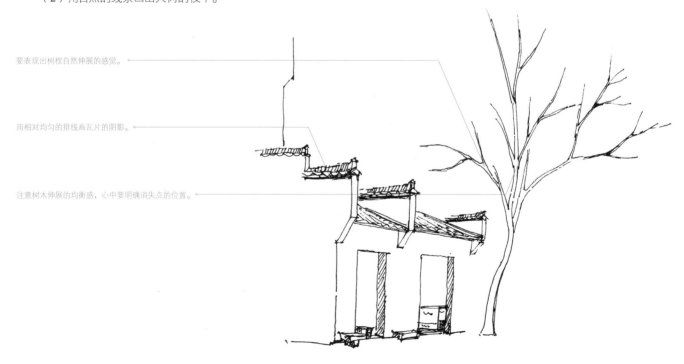

要表现出树杈自然伸展的感觉。

用相对均匀的排线画瓦片的阴影。

注意树木伸展的均衡感，心中要明确消失点的位置。

（3）用不规则的连续曲线画出大树树冠的形态，然后根据透视方向画出树干后面的马头墙。

大树树冠是画面的中心，要重点刻画。

近处的瓦片用波浪线刻画，远处的简单带过即可。

房屋的透视要准确。

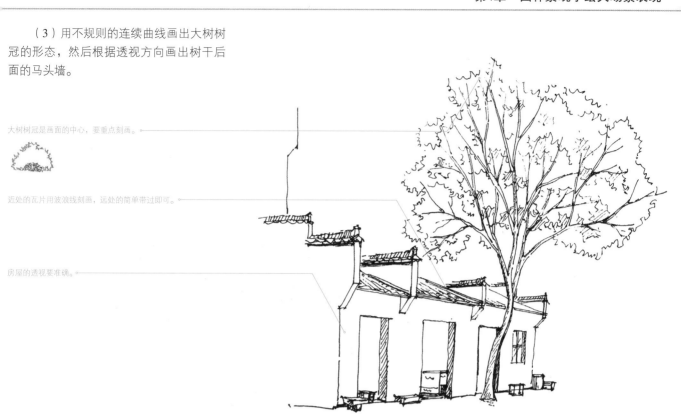

（4）画出剩下的房屋建筑，然后用交叉的斜排线画出房屋内部的门洞阴影。

阴影排列时注意留出空隙，让画面有透气感。

大门后的阴影用交叉线表现。

内部的门洞用笔力气可以更大一些，注意近实远虚的绘画原则。

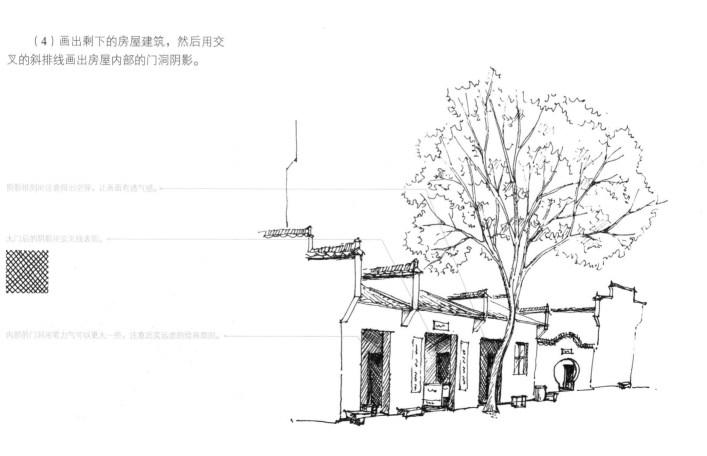

（5）简单勾勒出远景的人物配景，然
后用斜直线画出地面青石板的排列走向。

远处人物简单刻画即可。

人物配景不仅可以丰富画面效果，还是重要的比例参考。

在表现地面铺装时要错落有致，透视准确。

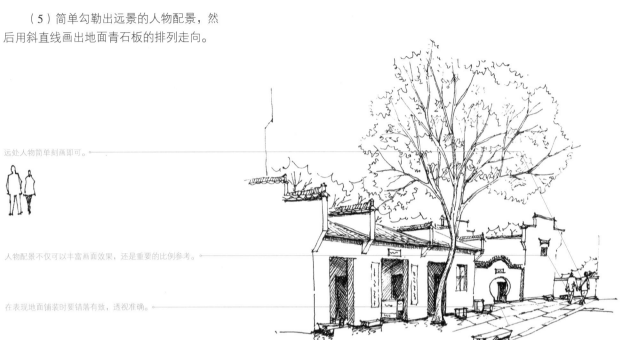

（6）画出小水塘岸边的异型砖和荷叶
造型。水面波纹用连续曲线表现，然后用
不规则的弧线画出小荷叶配景。

用硬直线画岸边的异型砖铺设。

异型砖铺装材质在第1章讲过，大家可以参考。

水面的荷花要有漂浮感，伸出水面的荷花要错落有致。注意荷
花的形态表现。

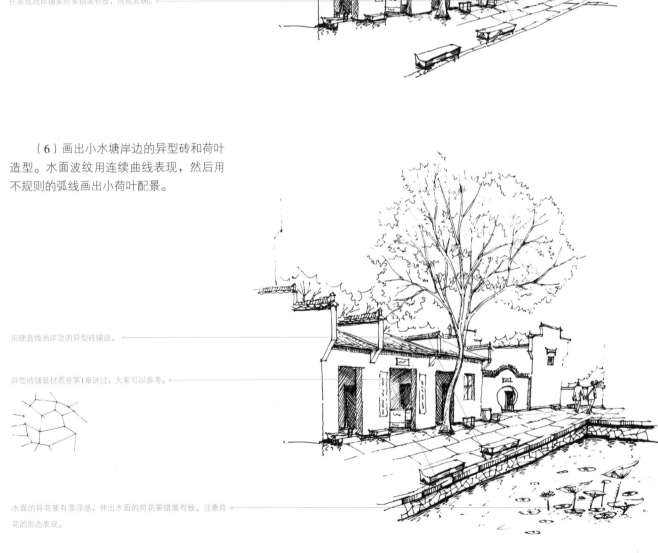

（7）简单勾勒出远处的树木和房屋配景，然后用雕琢笔尖的手法画地面小草，接着用自然线画出左下角的芭蕉叶，最后调整画面细节，完成线稿。

远处的树木配景简单表现即可，以便于体现画面整体的空间感。

芭蕉叶可以使用一走一停顿的运笔手法表现。

用连续线画近处的石块和水草，要刻画得仔细一些。

（8）用淡黄色彩铅对墙面初步上色，然后用浅灰色马克笔对墙面二次上色营造出斑驳感。瓦片用淡蓝色彩铅和中灰色马克笔配合上色，要少量留白。

使用扫笔的方法用淡黄色彩铅对墙面受光面初步上色。

加深建筑不直接受光面，注意材质质感的体现。

GG3　　WG3

在给瓦片上色时要注意整体的明暗关系。

BG5

（9）用马克笔对地面和异型石块上色，然后用中灰色马克笔对地面不直接受光面和门洞内部上色，接着画出芭蕉叶和近景植物的颜色。

用淡灰色、淡紫色、淡红色马克笔丰富地面砖的颜色。

28　　CG4

注意地面阴影和环境色的体现。

在表现水池周围铺装的时候要留有反光。

84　　WG6

注意芭蕉叶和灌木球体积感的表现。

（10）加强近景植物配景的上色，然后画出荷叶和荷花的颜色，接着用天蓝色马克笔对水面初步上色。荷叶对水面产生的阴影用蓝灰色马克笔表现。

植物的颜色大多以绿色为主，掌握基本的色调以后，在表现的时候可以主观地进行搭配和调整。

48　　47

水面使用连笔的手法上色。

76

注意水池周围的铺装在水中产生的倒影。

（11）用淡绿色马克笔对大树叶面上色，直接受光面用淡黄色彩铅表现，房屋后面的植物用中绿色马克笔表现。

远处的树冠用揉笔的方法上色。

远处人物的颜色简单平涂即可。

在表现枝干的颜色时要少量留白，使画面透气感更好一些。

（12）用绿色马克笔加深大树的颜色，然后用中灰色马克笔加深房屋阴影部分，接着画出整个画面的阴影和重色，使体积感和空间感更加明确。

使用揉笔和点笔的技法画出树叶的颜色。

加深瓦片的暗部和建筑内的门洞，使建筑的体积感更强烈。

用淡红色彩铅和马克笔配合对小花和门边的对联上色。

加深台阶和水面阴影的层次，使画面更加具有韵味。

4.1.2 古朴的街道景观表现

（1）用自然线画出屋顶结构，瓦片檐口用波浪线表现。

初学者可根据线稿成图从塔的顶部开始画。

注意木质结构排列方式。

用自然的直线画建筑架构线。

（2）根据透视方向用斜直线画出商铺房屋结构，宝塔木制木框用交叉的排线刻画。

用交叉线画窗户木质结构，可以适当留白表现高光。

瓦片用小弧线绘制，不要画得太实，虚实结合即可。

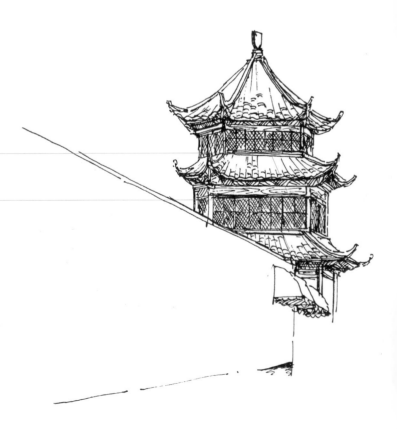

（3）画出行走的行人和地面的门洞，注意近大远小的原则。

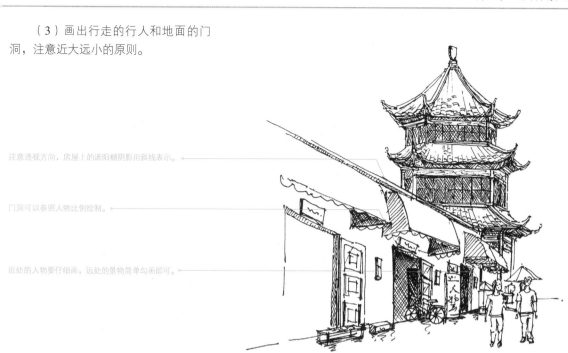

注意透视方向，房屋上的遮阳棚阴影用斜线表示。

门洞可以参照人物比例绘制。

近处的人物要仔细画，远处的景物简单勾画即可。

（4）用自然的线条画出右侧的树木配景，阴影部分用相对平行的斜排线刻画，然后画出地面的铺装。

用抖线画右边的植物树冠形态。

注意树权和树冠的连接要自然。

这一步只需要简单地勾画形体即可，注意透视关系。

画树权时笔触连接须错开接缝。

用直排线画地面砖铺设。

（5）根据透视方向完善地面砖块铺设，然后画出右侧的道路和车辆配景。

注意近实远虚的透视关系，丰富画面层次。

右边的道路走向根据透视点方向去刻画。

（6）画出右侧远处的商铺和树木配景，然后用自然的弧线画出电线的走向，接着调整画面细节，完成线稿。

远处的商铺和树木简单交待结构即可。

用自然曲线画远处和屋顶后的树冠轮廓。

阴影部分用排线平铺加深。

注意材质的区分。

（7）用淡蓝色、淡黄色彩铅对遮阳棚和墙体初步上色，然后用淡紫色彩铅和浅灰色马克笔对地面初步上色。

使用扫笔的方法对木质门扇上色。

在用淡黄色彩铅对墙壁上色时要有轻重的变化。

地面的左侧有墙面环境色的影响，所以要特别注意。

GG3

（8）画出宝塔木质结构的颜色，然后用蓝灰色马克笔给顶部上色，接着用马克笔画出遮阳棚、人物和店铺大门的颜色。

为了丰富画面颜色，遮阳棚可以选用不同的颜色表现。使用排笔的手法上色。

49　　76

在表现宝塔木质结构的时候要注意体积感的表现。

103　　95

瓦片和店铺大门的颜色相同，但要注意深浅变化和远近关系。

GG5　　WG3

（9）用黄绿色马克笔对右侧的
树木配景和花池上色，然后用中灰
色马克笔对地面暗部和瓦片暗部再
次上色。

在表现大树树冠的时候要注意体积感的表现。给花池
的植物上色时可以将其概括为简单的块面。

48

使用扫笔的方法对地面上色。

WG3

（10）用中绿色马克笔对远处
屋顶后面的树木配景上色，然后用
蓝灰色马克笔对沥青路面上色，接
着画出车辆和商铺的颜色。

使用揉笔的技法对远处的树冠上色。

57

对右边地面和卷闸门上色时注意少量留白。

CG4　　BG5

（11）用绿色马克笔调整右侧
树木的颜色，然后完善其他景物的
色彩表现。

使用点笔的技法加深树冠的层次。

注意画面的节奏感和空间感。

（12）调整画面的明暗关系，
丰富画面的色彩和层次，完成！

加深树叶重叠处的颜色。

加强建筑和台阶的阴影层次。

调整路面的阴影和环境色。

把握好画面中宝塔和店铺的层次穿插关系。一点透视
画法相对两点透视要稍简单一些，把握住成角和近大
远小的关系基本就可以画好这幅手绘了。

4.1.3 牌楼大门入口景观表现

（1）确定透视点位置，然后用
自然的线条画出主门的外轮廓。

注意造型的主次关系和对称性。

抓准透视，不要被形体扰乱。

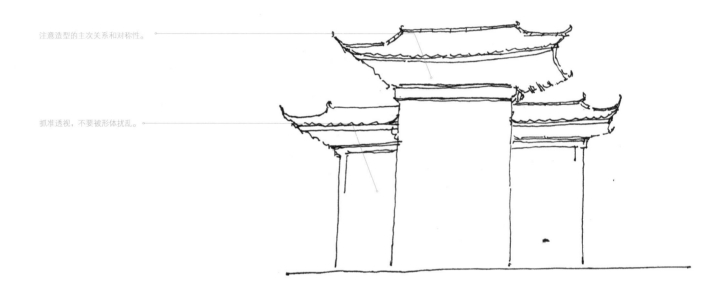

（2）用活泼的弧线画出大门的雕
花，然后用交叉的直线画阴影部分。

在画之前要仔细观察，这是一个仰视的角度，所以牌
楼的内部结构能清晰地看到。

用斜线画大门木质结构的内部阴影。

注意大门体积感的营造。

牌楼顶部的瓦片要疏密有致。

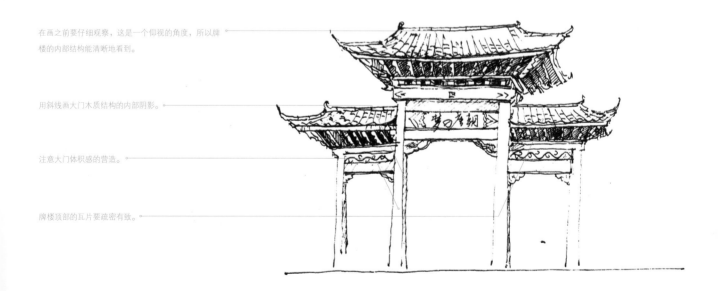

（3）用自然线画出稍远处的凉亭走廊，然后勾勒出远处的小树轮廓，接着根据透视方向，将台阶发散排列出来。

注意牌楼和植物的遮挡关系。

在勾画台阶的梯步时要注意线条的疏密排列关系。

注意近实远虚的绘图原则。

台阶要体现出古建筑的特点，比如上面的文字。

（4）简单勾画出人物，然后用活泼的线条画出右侧大树的枝干，接着画出地面的铺装结构。

大树的枝干要注意形体的表现，注意相互之间的穿插关系。

大树的枝干可以进行主观的处理。

用不规则的小圆表现灌木球。

（5）用松弛的线条画出小车、左侧大树枝干和小树配景。

枝干上的阴影表现。

通过车辆配景和人物配景的安排，整个画面的主体建筑显得更加高大、有气势。

（6）用连续曲线画出两棵大树的叶面轮廓，然后添加飞鸟到画面中，接着调整画面细节，完成线稿。

用抖线画两棵大树的树冠，注意前后的区别。

注意树干和树叶的穿插关系。

（7）用彩铅定出画面的主要色调和部分物体及材质的色彩变化。用彩铅区分画面的几大色块，让自己一目了然。木质材质和玻璃材质可直接上马克笔。

用中黄色马克笔对木质结构初步上色。

103

用淡黄色彩铅对近处的大树和石块的高光面初步上色。

用淡蓝色彩铅对屋顶瓦片上色。

（8）继续用彩铅丰富画面颜色，然后用淡灰色马克笔对台阶石块初步上色。小车用蓝色和红色马克笔简单上色。

在表现石台阶时注意颜色的深浅变化。

WG3

丰富中景植物和远景植物的颜色。

（9）用黄色马克笔对左边的大树二次上色，然后用蓝灰色马克笔对台阶阴影部分上色。

对左边大树使用揉笔的技法上色。

49

加深台阶和瓦片的颜色。

BG5

注意颜色之间的相互关系，要彼此协调、融合。

（10）用褐色马克笔对树木枝干上色，然后用绿色马克笔画出大树的固有色。

画树干颜色时手法要灵活多变，面积大用宽头，面积小用小头。

103   95

用揉笔的技法表现树冠稍暗部分的颜色。

47

车子和人物的颜色要有联系。

11   76

（11）用中绿色和橘黄色马克笔对树木不直接受光面上色，然后用中灰色马克笔加深大门石柱阴影部分。

用点笔表现大树树叶重叠的颜色。
24

对大门石材阴影部分扫笔上色。
CG4

（12）用深褐色马克笔加深大门木制结构暗部，然后用深灰色马克笔加深台阶和小车阴影暗部。人物用红色和蓝色马克笔简单上色即可。

加深叶面重叠部分的颜色。
56 43

加深建筑和台阶的阴影层次。
GG5 CG7 WG6

注意台阶由下至上的递进关系，近实远虚地描绘整幅画面，交待清楚画面的空间效果。

4.1.4 古镇园林景观表现

（1）用活泼的线条画出画面中心的房屋轮廓，然后画出灯笼的造型。

用硬直线画建筑结构线条。

瓦片的铺设边线用波浪线绘制。

注意房屋之间的关系。

灯笼近大远小地绘制。

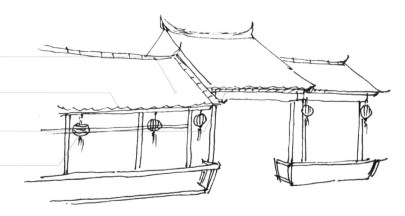

（2）用自然的斜直线画屋顶的砖块铺设，然后用交叉的直线画出雕花木纹，接着将人物添加到画面中。

装饰木格花用交叉的排线刻画。

用小弧线刻画木质栏杆的结构。

人物简单地勾画轮廓即可，人物的安排要疏密有致。

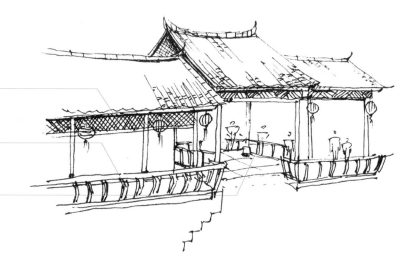

（3）画出房屋内部的门扇和窗户，然后画出台阶，把握好楼梯台阶的比例关系。

门扇用小正方形表现它的材质。

注意楼梯的大小变化，墙面用"工"字形刻画。

（4）根据透视方向画出围墙的砖块铺设，然后用不规则的连续线画几棵小树，阴影用相对平行的排线表现。

松树用爆炸线去勾勒轮廓。

台阶阴影用斜排线绘制。

由于这幅场景表现的内容较多，要注意相互之间的关系和画面的平衡。

（5）用轻柔的线条画出河岸的走向以及岸边的景物，然后画出停泊的小船。

水面波纹用连续线绘制。

小草用骨牌线刻画。

刻画好小石块和水草的层次关系。

小桥纹理用自然线勾勒，注意小船与水面的连接处理。

（6）继续完善水面的渡船和岸边的松树造型。

远处植物简单交待轮廓即可。

注意河流的走向。

整体把控画面的构图和空间关系，千万不要出现乱的现象。

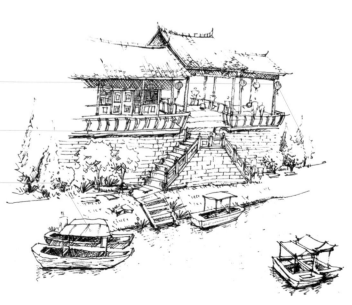

（7）画出右上角稍远处的房屋顶部，然后画出远景的船只，丰富河面的表现内容。

远处的船简单勾勒轮廓即可。

植物阴影用斜排线刻画。

（8）接着简单地表现出远景的房屋轮廓，最后用自然的弧线画出远处的石桥轮廓和人物，接着用变化线画出远处的宝塔造型，最后用连续线画远处树木的轮廓。

宝塔参考圆锥体的形态去勾勒。

远处的植物树冠用小曲线勾勒。

远处的石拱桥简单地勾画即可，略微地交待一下材质。

注意桥体上人物的大小关系。

（9）画出画面上方远处的建筑物，然后画出空中的小鸟，接着调整画面细节。

由于画面的景物较多，相互之间的结构要刻画清晰。

注意统一画面的整体节奏。

在实际的写生过程中可以进行主观的处理，有所取舍。

（10）用淡黄色彩铅对画面中心的墙体和树木配
景直接受光面初步上色。

不同的植物和材质反光的强弱都是不一样的，所以要注意颜色的轻重变化。

远处的景物颜色淡，近处的景物颜色深。

（11）用淡蓝色彩铅对水面波纹上色。

用蓝色彩铅以扫笔的技法表现水面波纹。

岸边和小船处阴影用笔加深一些。

水面的反光强，要多留白。

（12）用淡绿色彩铅画出树木的固有色，然后用
红色彩铅对悬挂的灯笼上色，接着用灰色马克笔画出
屋顶的底色，最后用淡蓝色彩铅对屋顶上色。

树木的颜色要丰富且有变化，这样画面效果才会更加生动。使用扫笔的方法为树
木上色。

用浅灰色马克笔对屋顶扫笔上色，注意留白。

GG3

用红色彩铅表现灯笼和部分人物颜色。

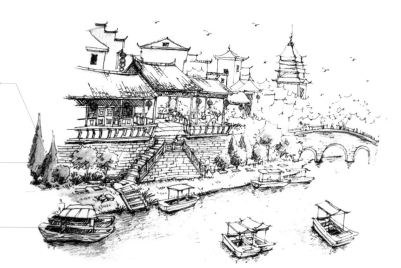

（13）用黄色彩铅对房屋柱体和门扇上色，随带表现出人物配景的颜色，接着画出草坪的颜色，并用浅灰色马克笔对楼梯台阶和围墙阴影部分上色，最后用红黄蓝三色马克笔对人物简单上色。

木材的具体表现可以参考第1章的内容。

用马克笔对围墙和建筑内不直接受光面加深。

WG3

在对草坪上色时使用平涂的方法表现。

（14）用绿色马克笔对植物配景阴影部分再次上色，然后用中灰色马克笔对围墙和楼梯再次上色。根据画面上的几种颜色对小船上色。

用紫色彩铅对小船和墙面扫笔上色。

用绿色马克笔以扫笔的方式对中间的植物上色。

47

景物之间相互遮挡产生的阴影要仔细分析，然后再表现。

（15）用褐色马克笔对房屋柱体和栏杆上色，然后用蓝灰色马克笔对屋内走廊的砖块上色，接着用淡绿色马克笔对主房屋后面的植物配景上色。

木质结构的空间感和材质本身的特性要表现清楚。

103   95

由于屋檐的遮挡，墙面的颜色是有变化的。

CG4

用淡紫色马克笔丰富墙面材质颜色。

77

（16）用天蓝色马克笔对水面进行二次上色，不宜上得太满，要适当留白。

使用连笔的方法画出水面的颜色。

76

小船的倒影、石桥的倒影、近景和远景的区别都要交待清楚。

（17）继续完善画面景物的颜色。

远处的景物使用点笔的方法上色。

用深绿色马克笔对远处的植物揉笔上色。

54

用墨绿色马克笔加深近处不直接受光植物阴影。

43

用深灰色马克笔加深台阶和石块阴影。

GG5

（18）全面检查画面的整体色彩关系，强调主题，加强明暗对比，完成上色。

再次用黄色彩铅调整画面，增加光感。

用深蓝色马克笔加深水面倒影。

BG9

用深灰色马克笔加深画面的暗部细节。

WG6

中式园林景观的表现，考验的是初学者的透视把握和造型能力。这幅园林小景的层次比较丰富，要把画面前后的递进关系交待清楚，注意拉开向下的楼梯与墙面的空间感。

4.2 居住空间景观表现

4.2.1 高档居住小区景观表现

（1）用一走一停顿的直线画出房屋垂直的结构线，屋顶层次用重复线刻画。

所有的线条用排线平行绘制。

注意房屋之间的穿插和前后关系。

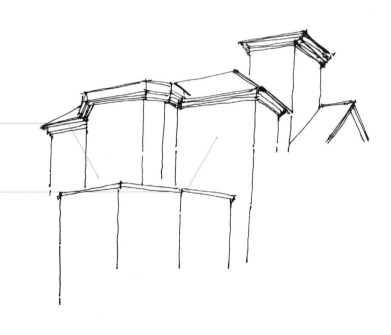

（2）根据左边透视点方向画出窗户，注意近大远小的原理。

窗户边缘线用小弧线绘制。

根据近大远小的关系画出窗户的渐变。

注意外立面窗洞跟内部墙体之间空间感的控制。

（3）斜屋顶对天点方向发散，
然后根据右边透视点画出大门外的
木制框架。

入户门花架处于仰视的角度，注意空间感。

门洞内阴影用斜排线刻画。

（4）用相对平行的排列线条画
出物体的阴影部分，然后用自然的
变化的线条画植物配景轮廓。

用"工"字形排列的手法画墙面小砖。

建筑内的门洞顶部阴影用交叉排线刻画。

注意植物遮挡后的窗户造型。

（5）继续完善右侧的植物配景，不宜太密要适当留出空隙。

小树冠轮廓用抖线刻画。

小树叶面重叠用不规则交叉线绘制。

石块用硬直线勾勒轮廓。

（6）根据两点透视关系画出画面下方的地砖铺设，然后用轻柔线条勾画石块和水草轮廓，接着用不规则的连续线表现水面波纹，最后简单地画出左上方的植物配景形态和右边斜坡的草坪。

小植物用连续线绘制出来。

小草地用骨牌线点缀出来。

小石块和台阶的阴影用小排线刻画。

远处的树冠用抖线绘制，不要画得太密实宜留开口。

（7）用黄色彩铅对别墅的外立
面受光部位整体上色。

用黄色彩铅对外墙初步上色，亮面用笔轻一些。

用橘红色彩铅丰富地面砖块颜色。

（8）用淡红色马克笔加深墙面
的色调，然用画出屋顶的颜色，接
着用天蓝色彩铅对玻璃部分着色。

窗户用蓝色彩铅以扫笔的技法表现，不宜太密实要适
当留白。

49　28

加深墙面的色调时要根据彩铅表现的光影关系上色。

（9）用中黄色马克笔对大门外木制框架上色，然后用黄绿色马克笔对植物配景初步上色。石块阴影用浅灰色马克笔表现。

用马克笔对台阶和建筑阴影排笔上色。

 GG3   WG3

斜坡草坪的色调比台阶草坪的色调颜色更亮。

 47

（10）画出左侧植物配景的颜色和地面铺装的颜色，然后画出草坪和树木的深色。

用马克笔对入户花架的亮面和暗面着色。

 24   103

地面用排笔的手法刻画。

 17   CG4

用色块堆叠的手法去画植物固有色。

 46

（11）地面用淡黄色彩铅表现
受光的感觉，然后用淡红色、淡紫
色和中灰色马克笔配合上色，接着
用天蓝色马克笔对水面初步上色。

屋顶用排笔的技法加深。

室内的阴影也要有透气感，不要画死。

GG5

地面用淡紫色彩铅丰富材质肌理。

水面波纹用连笔的手法绘制。

76

（12）用深灰色马克笔加深整
幅画面的暗部细节，然后整体调整
画面，完成整幅作品。

用稍深的绿色马克笔表现植物叶面的重叠效果。

43   54

用深灰色加深石块和建筑内的暗部阴影。

WG6

强调重色，凸显立体感。

CG7

用蓝色马克笔对水面和玻璃暗部加深。

4.2.2 欧式别墅景观表现

（1）用相对平行的斜直线画出屋顶的结构。

找好透视点。

注意结构之间的关系。

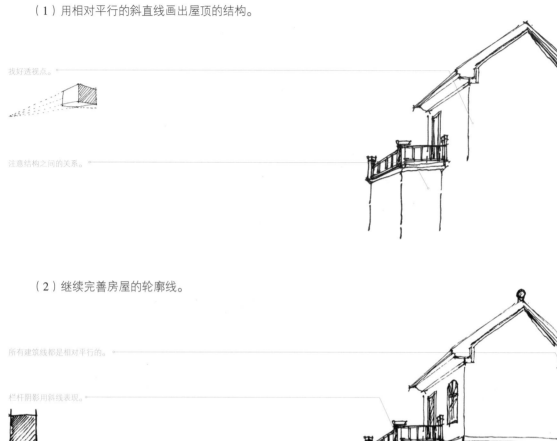

（2）继续完善房屋的轮廓线。

所有建筑线都是相对平行的。

栏杆阴影用斜线表现。

（3）根据建筑物比例大小画出窗户和门洞的位置。

注意正面门窗和侧面门窗的关系和透视表现。

玻璃用斜直线表现肌理。

（4）用活泼的线条画出墙面上的砖块铺设，然后用不规则的小圆圈表现底部造型。

墙砖用"工"字排列方式刻画。

用小圆表现别墅底座的卵石铺装。

（5）用雕琢笔尖的手法画地面的草坪形态，然后用不规则的连续线条画出小树。

草地用小抖线绘制。

圆形小树叶面用不规则小圆表现。

注意树冠的体积感塑造。

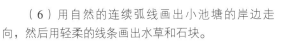

（6）用自然的连续弧线画出小池塘的岸边走向，然后用轻柔的线条画出水草和石块。

水草用连续线刻画。

水草的排列要有节奏。

注意石块和水草的遮挡关系。

（7）用连续的曲线画出水面波纹，然后画出荷叶造型，接着根据透视方向画出小路上的砖块铺设。

小路用"工"字形笔触平铺。

荷叶简单地勾画出轮廓即可。

在第1章讲到的很多铺装的表现可以参考。

（8）勾勒出远景的人物造型和树木轮廓，然后仔细刻画左上角的大树枝干形态，叶面轮廓用不规则的连续线去表现。

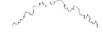

树冠用抖线刻画。

注意树杈的伸展状态，一定要自然。

阴影部分可以用线条重复表现。

（9）画出右上角的树木配景，简单交待一下即可，然后用粗细线配合画建筑物后方的树木枝干，接着用随意的变化线交待清楚右上角的植物轮廓，完成线稿。

树杈接缝处记得错开处理。

远处的树冠用抖线表现，简单地勾画即可。

根据三角形原则画松树轮廓。

（10）用淡黄色彩铅对画面的直接受光面上色。

使用扫笔的方法上色。

由于墙面本身的特点，颜色要画得淡一些。

草坪的颜色要画得深一些。

（11）用淡绿色彩铅画出地面草坪的固有色，然后用淡红色彩铅对屋顶瓦片上色，接着用灰色马克笔画出地面铺装的颜色。

在表现草坪的颜色时可以将其概括为简单的形体，注意块面感。

用扫笔的技法表现建筑和地面的材质。

GG3

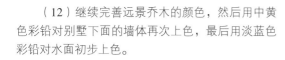

（12）继续完善远景乔木的颜色，然后用中黄色彩铅对别墅下面的墙体再次上色，最后用淡蓝色彩铅对水面初步上色。

用浅褐色彩铅对墙面砖块上色时要注意正面和侧面的区别，切忌平均对待。

水面和玻璃用淡蓝色扫笔表现。

可以用褐色彩铅适当地表现一下路面和石块的颜色。

（13）用浅灰色马克笔调整石块和地面的颜色。草坪用淡绿色马克笔再次上色，使画面色彩更加亮丽。

用扫笔对地面草坪着色并留出少量空白。

47

用连笔对地面和石块阴影着色。

WG3　CG4

（14）用浅灰色马克笔对建筑物不直接受光面上色，然后用天蓝色马克笔对水面和玻璃上色，接着用中绿色马克笔对草坪再次上色，表现出草坪的体积感。

用连笔对水面上色。

76

根据植物受光情况加深阴影，塑造体积。

46

（15）用中灰色马克笔加深地面石块和墙体阴影，然后用橘黄色马克笔对别墅下面的墙体再次上色。

屋顶瓦片运用扫笔的技法上色。

5

注意小红砖墙面的明暗面以及光线的照射感觉。

24　　103

（16）用深蓝色马克笔对水塘暗部上色，然后用淡红色马克笔点缀草坪里的小花，接着用褐色马克笔对树木枝干上色。

绘制树干时要注意材质的表现，少量留白。

102

小花用红色马克笔简单点缀即可，不需要过多地表现细节。

加深水面倒影和玻璃阴影。

74

（17）用深绿色马克笔再次加深地面草坪阴影，然后画出远景乔木和灌木的颜色。远处的人物用简单的淡红色彩铅上色。

用揉笔的方法加深植物叶面阴影。

43

远处人物的颜色可以根据画面适当地调整，只要保证画面色调和谐即可。

（18）用浅绿色和中绿色马克笔配合对两棵大树上色，然后用浅绿色马克笔对屋顶后方的植物上色，接着用深灰色马克笔加深画面的阴影暗部，完成整幅画。

丰富地面和别墅底座颜色。　BG5

加深远处的植物叶面重叠阴影，54使植物的体积感突显出来。

远处植物简单交待，加深水波　BG9和暗部。

加深画面的阴影层次。　CG7

初学者在画这个手绘景观的时候，可以先用铅笔打形然后再用水性笔去画。
注意建筑物与树木配景的层次关系，用明快的色调营造整个画面的气氛。

4.2.3 小区休闲景观表现

（1）明确两个透视点的方向，
然后用直线画出长廊的柱体结构，内
部阴影用交叉的排线刻画。

用出头的硬直线画长廊结构。

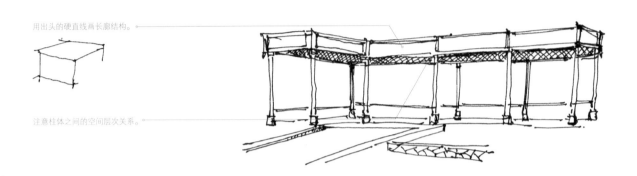

注意柱体之间的空间层次关系。

（2）用斜直线画出长廊外的路
面走向，然后画出水池、水草和石块
的造型，接着画出近处小造型墙。

长廊内部阴影用交叉排线刻画。

台阶阴影用小排线绘制。

水池的墙面用异型砖表现。

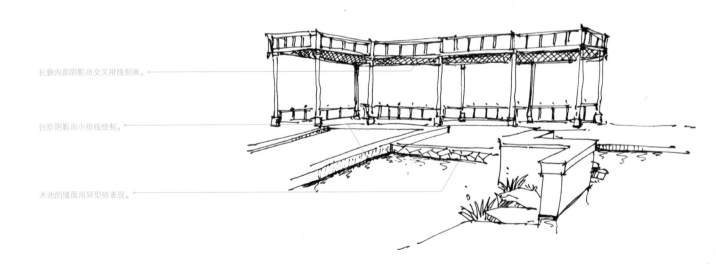

（3）画出远处的大树枝干，然后
用连续曲线完善水草的叶面形态。

注意表现大树伸展树杈的自然感。

近处的小草用连续线刻画。

水面波纹用自然的波浪线绘制。

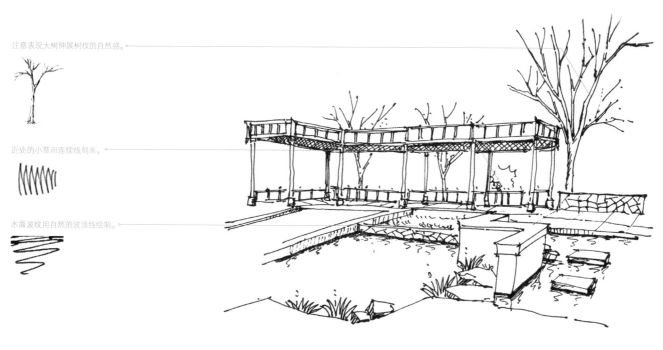

（4）画出水面的荷叶，然后画
出树冠的造型，接着画出造型墙的
材质结构。

用小抖线画大树冠轮廓。

注意树木近实远虚的关系。

用硬直线不对称地绘制出异型砖。

近大远小地画小荷花形态。

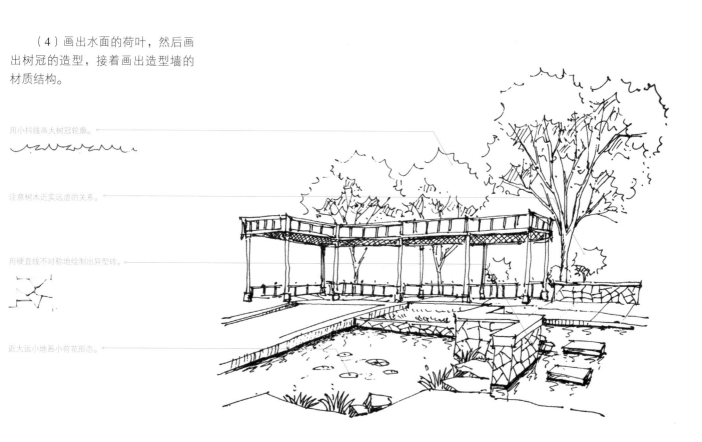

（5）用雕琢笔尖的手法画出草坪，近处的小花用活泼的线条表现。

近处草坪用骨牌线点笔画出来。

注意表现花朵摇曳的动态，为画面增添生趣。

（6）将左侧的植物配景和人物添加到画面中。

右上角远处的圆形小灌木简单勾画。

注意椰子树的树干穿插和前后关系。

人物只画出轮廓即可。

（7）用轻柔的线条画出右下角的植物，并交待小路走向，然后用自然弧线画左上方椰子树的树叶。

椰子树叶面用连续的排线刻画。

近处的小石块和小草要刻画细节，明确相互之间的遮挡关系。

（8）用不规则的连续线条表现右下角的防腐木肌理，然后用一走一顿的直线画出远处的建筑物外轮廓。

注意建筑与树木配景的重叠关系。

用自然线刻画近处地板纹理。

阴影暗部用排笔加深。

（9）根据透视方向和建筑物比例，画出窗户和外立面造型，将飞翔的鸟儿画在天空中，完成线稿的创作。

注意窗户近大远小的透视关系。

注意天空小鸟的节奏。

仔细检查画面，结构、材质、阴影都要交待清楚。

（10）用黄色马克笔对休闲长廊整体着色，然后用淡黄色彩铅对地面初步上色。

因为长廊是木质结构，所以可以用马克笔直接上色。

地面用淡黄色彩铅表现高光。

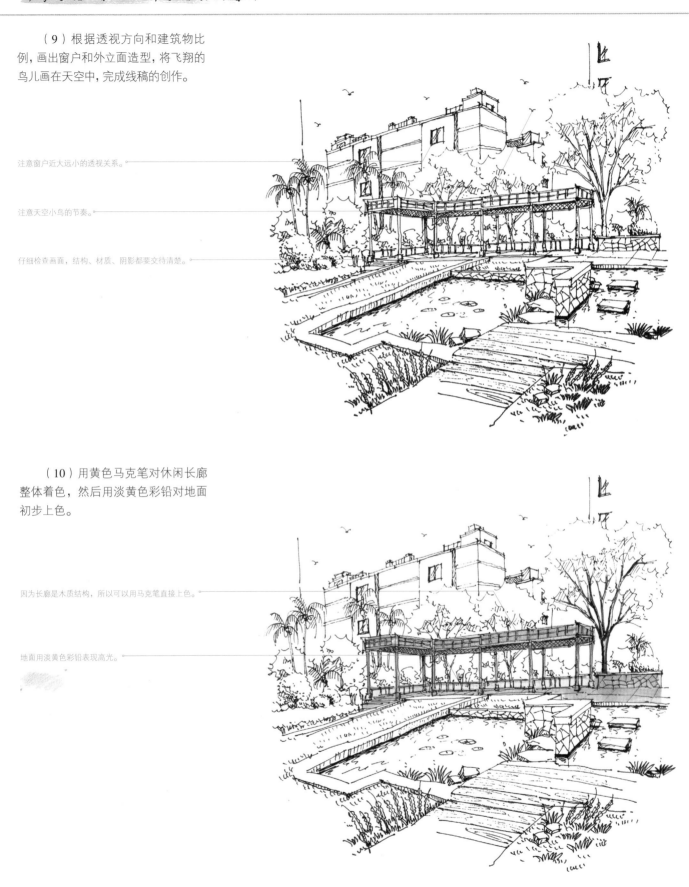

（11）用褐色马克笔加深长廊的
阴影暗部，然后用中灰色马克笔对
地面上色，接着用淡黄色和淡绿色
彩铅对长廊后的植物上色。

地面用排笔的技法上色。

WG3　GG5

用褐色马克笔加深木质结构暗部，突出体积感。

102

植物亮面用淡黄色彩铅上色，再用淡绿色彩铅画出固
有色。

（12）用黄绿色马克笔对树木配
景再次上色，并画出草坪的颜色，
然后用蓝色和红色马克笔对长廊中
的人物上色，接着用黄色马克笔对
小树上色。

使用抹笔的技法对树冠上色。

47

远处的小树用排笔表现。

24

（13）用淡蓝色彩铅对水池波纹初步上色，然后画出荷叶和水草的颜色，接着用中灰色马克笔对石块及台阶再次上色。

用蓝色彩铅对水面扫笔上色。

异型砖用淡黄色彩铅表现高光，然后用扫笔加深不直接受光面。

CG4

（14）用天蓝色马克笔对水面波纹再次上色。

用排笔对水面波纹上色并少量留白。

76

注意造型墙两边水面颜色的变化。

（15）用橘黄色马克笔对近处的防腐木路面初步上色，然后用红色马克笔对小花上色，接着画出草坪的颜色。

注意防腐木的质感表现以及颜色的深浅变化。

水池台阶亮面用排笔上色。

用块面表现花朵的颜色。

（16）用深蓝色马克笔对水池阴影上色，然后画出椰子树的颜色。

注意根据椰子树的叶面形态去着色。

水面与台阶处的倒影用马克笔配合加深。

（17）用淡黄色彩铅对远处的建筑物外立面上色，窗户用淡蓝色彩铅表现。

远处建筑用淡红色彩铅和GG3马克笔配合表现。

颜色不宜太过浓重，简单地表现即可。

（18）根据画面调整整体的光影和明暗关系，丰富画面的色调和主题景物的表现。

调整建筑外墙的颜色，表现出建筑的体积感。

远处较矮的植物配景用揉笔的技法加深色调。

用橘红色马克笔对防腐木地面再次上色，表现出阴影的感觉。

在画线稿的时候，这幅园林景观手绘表现要注意中心部分休闲长廊的透视关系把握，树木配景与长廊和后面建筑物的空间关系把握。着色部分着重对前方和长亭细致地刻画，后面建筑物简单地表现即可。

4.3 公园景观表现

4.3.1 公园生态空间表现

（1）确定好透视点位置，然后用斜直线画出小木桥结构，接着画出旁边的石块和水草。

关于木质材质的表现在前面专门讲过，大家可以参考。

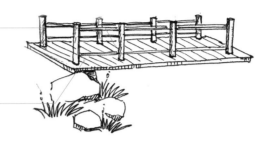

注意木板之间的间距和比例。

（2）丰富河边的水草和石块轮廓，然后简单地表现出水面的波纹。

石块要错落有致、松紧结合，切忌平均对待。

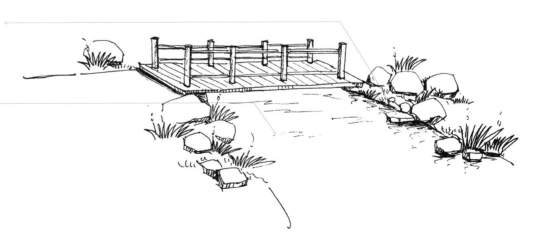

水面和小桥之间空间感的表现很重要。

（3）继续完善岸边的植物和
石块造型。

水草用连续线表现，画出水草的柔美姿态。

水面的波纹要疏密有致的描绘。

石块阴影用相对平行的排线刻画，表现出石块
"硬"的质感。

（4）画出右侧的灌木球和地
被植物，然后画出道路的铺装。

用三角形有序地画小草叶面。

注意表现灌木球的体积感和植物相互之间的遮挡关系。

（5）画出远处的山石水景，注意小瀑布的水流效果营造，然后画出左侧的植物配景。

画远处的小树时注意枝杈的穿插效果，简单表现形体以体现景深效果。

用自然线画水流垂落效果。

（6）继续完善远景的表现，将乔木、椰子树和景观亭的轮廓都添加到画面中，然后添加几只飞翔的小鸟，丰富场景，完成线稿。

注意椰子枝干摇曳的自然感。

简单交待小亭子造型。

（7）用淡黄色彩铅对地面
和部分植物的受光面上色。

在表现时使用扫笔的方法上色。

注意材质的光感效果。

（8）用绿色彩铅画出树木
和草坪的固有色，然后用淡灰色
马克笔对地面和石块上色。

稀疏的树叶用不着浓密的彩铅，轻带一遍即可。

地面和石块根据结构使用平涂的方法表现。

WG3

（9）用中黄色马克笔加深木桥的颜色，然后用淡蓝色彩铅对水面初步上色。

用淡蓝色彩铅对水面波纹扫笔上色。

对小木桥使用排笔的手法上色，注意木桥的厚度表现。
49

（10）加深地被植物和树木的颜色，然后用中灰色马克笔对石块不直接受光面上色，增加体积感，接着用桃红色马克笔对小花和灌木上色。

用淡紫色彩铅对异型砖扫笔上色。

使用排笔的方法加深地被植物的颜色；使用点笔的方法加深树木的颜色。
47

注意环境色的影响。

CG4

（11）表现出小桥的投
影，然后用天蓝色马克笔对水
面上色并留白，接着用中绿色
马克笔对草坪不直接受光面再
次上色。

使用斜笔的方式，根据小桥的栏杆结构表现出
投影效果。

为了丰富画面的色调，可以选择不同的颜色表
现树木的色调。

注意瀑布的感觉表现，营造出流水的效果。

对水面使用连笔的方法上色。

（12）完善远景植物的颜
色表现，然后调整画面的明暗
关系。

用深蓝色马克笔对水面与石块交接处暗部上色。

丰富树木配景的层次和体积感。

暗部的颜色也要体现出反光、层次和深浅的
变化。

这幅园林景观画面景物较为丰富，需要将每个
植物的特点表现出来。

4.3.2 公园石桥水流表现

（1）根据透视方向，用自然的
线条勾勒岸边的石块轮廓和护栏。

从局部到整体的作画方式对造型能力和整体把控能力
要求较高。

注意栏杆的转折关系。

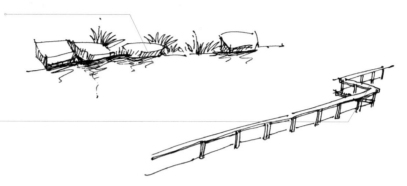

（2）完善岸边的石块、水草和
栏杆结构，接着用连续弧线画出石
桥，注意小栏杆的走向穿插关系。

石拱桥的造型相对较难，切忌画平了。同时，石桥处
于画面的远景位置，不需要过多地表现细节。

岸边的石块和护栏都要学会主观调整，有的放矢。

（3）根据透视方向画出岸上地面铺设和灌木，然后适当地表现出明暗关系。

右侧的防腐木材质的间距随着视觉的变远，逐渐变小。

左的是石材铺装，也要注意近大远小的透视关系。

（4）用自然的连续线画出水草的结构和防腐木的木纹肌理，然后简单地画出远处的亭子、乔木和人物配景。

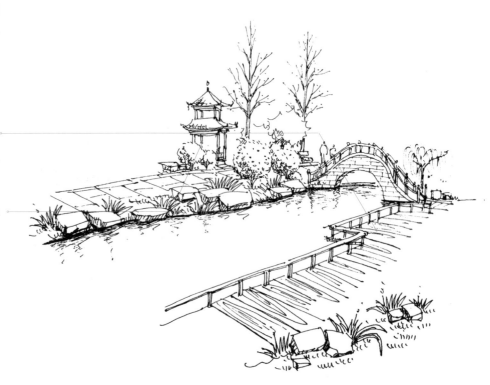

防腐木的纹理用简单的弧线表现。近处的仔细刻画，远处的简单表现即可。

景观亭和植物的穿插要到位，才能体现出植物和景观亭的前后关系。

（5）用不规则的连续曲线画出
左上角树丛造型，大树枝干用一走
一停顿的自然线刻画。

圆形小树用小圆绘制。

参照圆锥体去画小松树线型。

阴影用斜线画出来。

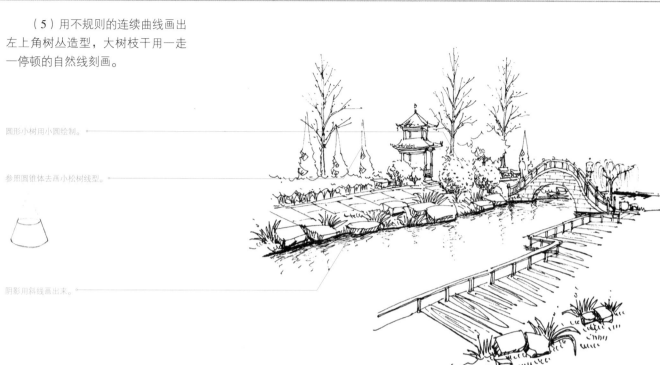

（6）用自然线画出房屋的轮廓
结构线，注意前后的层次关系，然
后画出左上角的树冠和房屋瓦片铺
设，接着简单勾画右上角远处的小
树，最后画几个自由飞翔的小鸟，
完成线稿。

远处的建筑用自然线简单交待。

树杈的阴影用排线刻画。

树冠用爆炸线表现轮廓。

小鸟可以活跃画面气氛。

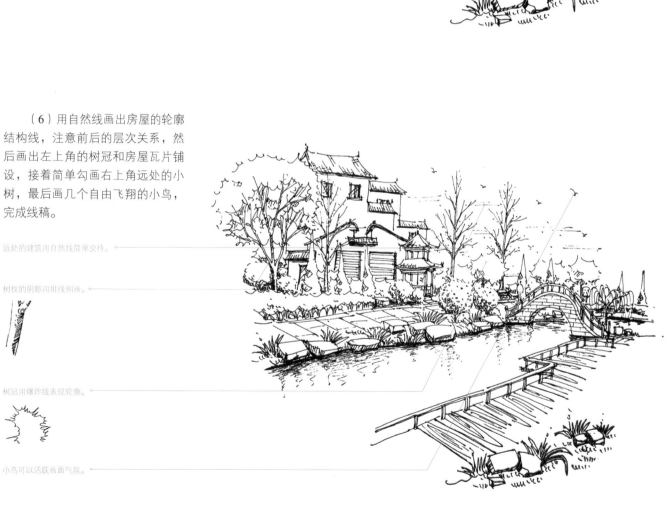

（7）用彩铅定出画面的基本色调。

用淡黄色彩铅对近处的地面和石块的高光面初步上色。

用淡蓝色彩铅对水面着色，靠近石块边加深一些。

（8）画出水面的颜色，然后画出防腐木的固有色，接着画出水草和小灌木的固有色。

表现防腐木的颜色时笔触要简练概括，不要太繁复。

使用连笔的方法对水面上色，并少量留白。要注意水面颜色的深浅变化。

（9）用浅灰色马克笔对石块和石桥暗部上色，然后用淡蓝色和淡红色马克笔对青石板路初步上色，接着画出前景的地被植物和石块的颜色。

石桥和青石板路面的颜色之间存在相互关联。

CG4　WG3　BG5

用揉笔的技法对草坪和小植物上色。

47

（10）画出远景植物的颜色。

注意乔木树冠颜色的变化。

47　46　57

树干用马克笔的小笔头表现，左侧受光照的影响，颜色比右侧轻。

102　95

（11）画出乔木后面建筑的颜色，然后完善远景植物的色调和天空飞鸟的颜色，接着画出水中的倒影。

这一步要开始对画面进行适当的调整，丰富小桥和屋顶的颜色。

水中的倒影要仔细刻画。

（12）加强画面的明暗对比关系，突出画面的空间感和景深感，完成！

通过深色的表现，可以使画面效果更加立体。

注意石桥与水面和岸边的连接关系，交待清楚植物配景与建筑物之间的层次关系。

注意营造水面的波纹效果，让画面的空间层次感更加强烈一些。

4.3.3 公园垂落水景表现

（1）以相对平行的斜直线画出小水
池和围墙的结构线。

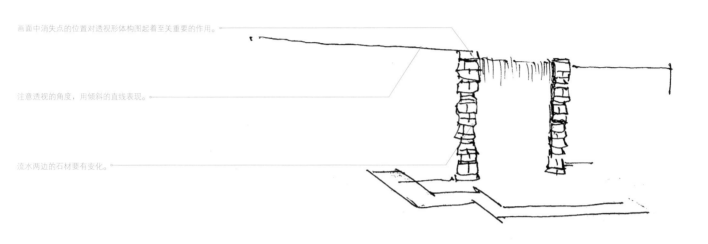

画面中消失点的位置对透视形体构图起着至关重要的作用。

注意透视的角度，用倾斜的直线表现。

流水两边的石材要有变化。

（2）完善花坛的结构造型，然后用
轻柔连续线条刻画水面波纹，阴影部分
用相对平行的排线刻画。

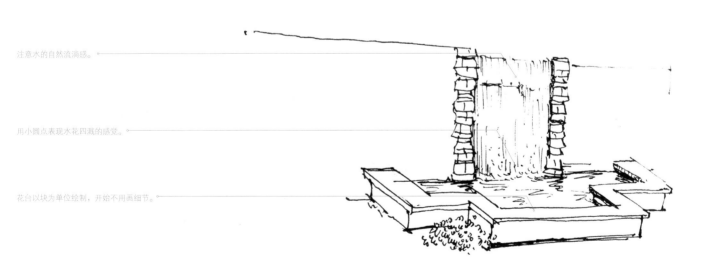

注意水的自然流淌感。

用小圆点表现水花四溅的感觉。

花台以块为单位绘制，开始不用画细节。

（3）用雕琢笔尖的手法画出左边
的灌木，树叶用不规则的小圆圈表现。

相互阻挡的形体要着重划分清楚。

近景植物要仔细刻画。概括好树形，能让你事半功倍。

小树用不规则小圆画树叶形态。

水池阴影用排线表现出来。

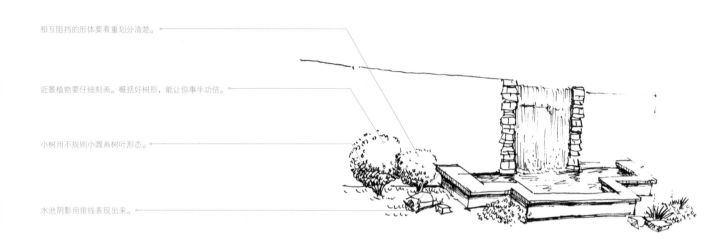

（4）用自然线勾画石块轮廓，然
后用一走一顿的线条画芭蕉叶面。

墙面异型砖用硬直线绘制。整体透视要把握得很到
位，否则将破坏画面效果。

石块的表现效果。

（5）画出墙上左侧的异型砖铺设和浮雕装饰，然后画出墙上的小花坛。

注意异型砖近大远小的透视关系，在本作品中左侧的异型砖比右侧的要大。

墙体上的浮雕要注意体积感的表现。

墙上的小花坛要注意近大远小的透视变化。

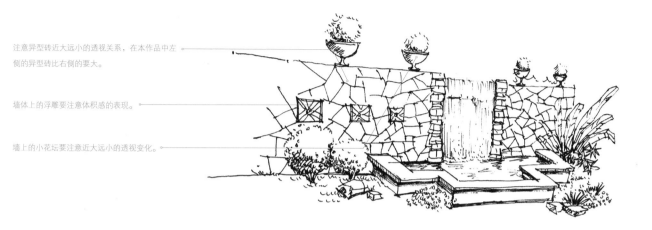

（6）画出地面正方形石块的走向，然后用随意的线条画出草坪。

道路的透视方向要和墙体保持一致。

石块踏步用出头线刻画，要表现出埋入土里的感觉。

（7）画出右边的花坛，然后用
变化的线条画出竹林配景。

远景的竹林简单地表现即可，以形体特征为主。

竹子叶面用不同方向的爆炸连续线刻画。

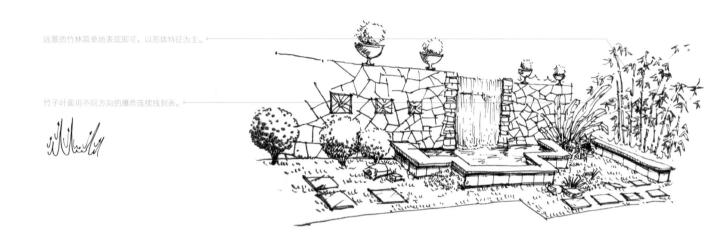

（8）根据透视方向，画出围墙
后的建筑框架。

调整画面的整体感避免出现琐碎感。

建筑上下穿插到位才能体现出植物和建筑的前后关
系。简单概括出建筑形体特征。

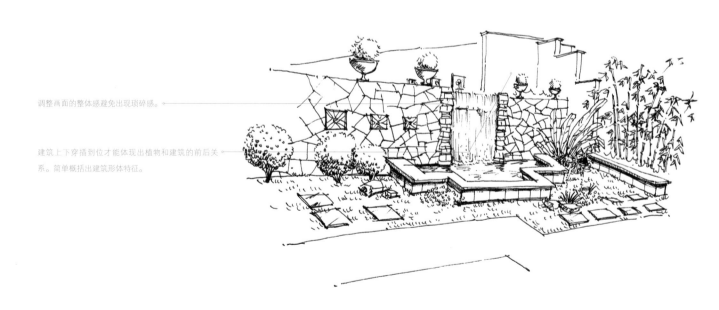

（9）继续完善近景的乔木配景，然后简单勾画出远景的树木轮廓，接着调整细节，加强材质的特征表现，完成线稿。

用粗细线搭配画出围墙上方的树木枝干。

注意树杈的伸展穿插。

用抖线勾勒远处的大树冠轮廓，体现出画面的层次关系。

石材和地砖的表达要整体且注意近大远小的透视变化。

（10）确定画面的基本色调，交待清楚各个景物和结构之间的关系。

用淡蓝色彩铅对水流上色。

用淡黄色彩铅对画面中心的小植物和水池边亮面扫笔上色。

用淡绿色彩铅对小植物上色。

近处的铺装和繁茂的叶子彩铅可以上得足一些。

（11）用淡黄色、淡蓝色、淡紫
色彩铅对中心围墙异型砖上色。

使用扫笔的技法对围墙上色。

注意异型砖材质的变化，以及环境色产生的影响。

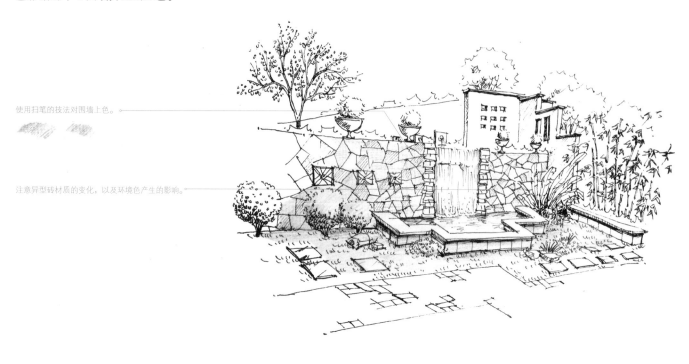

（12）用马克笔在彩铅的基础上
加强画面的色调。

用淡灰色马克笔对围墙二次上色，用中灰色马克笔对水
池台阶暗部上色。

GG3　　WG3

注意水面对台阶的影响。

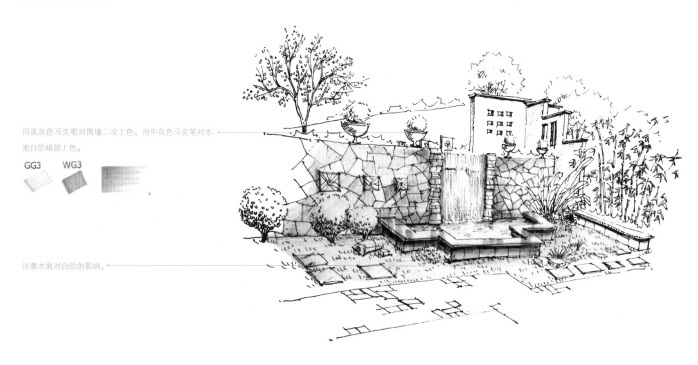

（13）用淡绿色马克笔对中心部分植物配景上色，记得少量留白，增加画面的透气感。

使用排笔的技法表现小水池岸边石材和石材的反射效果。
BG5

注意植物层次、前后关系。

对草坪用扫笔的技法上色。
47

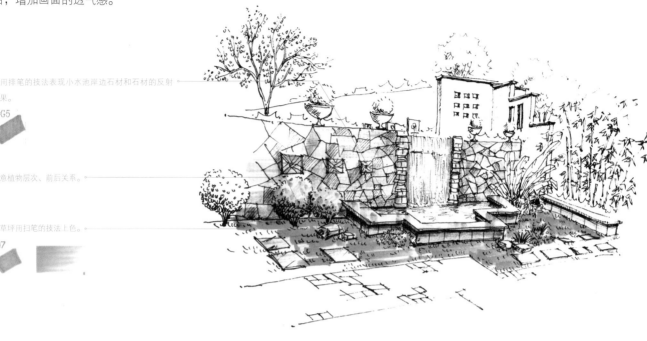

（14）用天蓝色马克笔对水流再次上色，然后用灰色马克笔加深石块及围墙的阴影部分。

板岩雕花装饰用扫笔上色。

对水流使用揉笔的技法上色，要适当留白，体现水流直下的感觉。
76

（15）完善左侧小灌木的颜色，然后用中绿色马克笔对竹子初步上色，接着适当地表现出地面的颜色。

灌木边缘的笔触衔接要连贯，自下而上推笔。在边缘处做点笔能显得自然、有延伸感。

根据竹子的形态上色。
46

使用扫笔的方法对地面上色。
GG3

（16）画出远景建筑的颜色，围墙后的树冠直接平涂即可。

建筑画出基本亮暗关系即可。

植物配景的阴影要留有反光。
54

加深围墙的暗部阴影，塑造体积感，凸显材质特性。
GG5

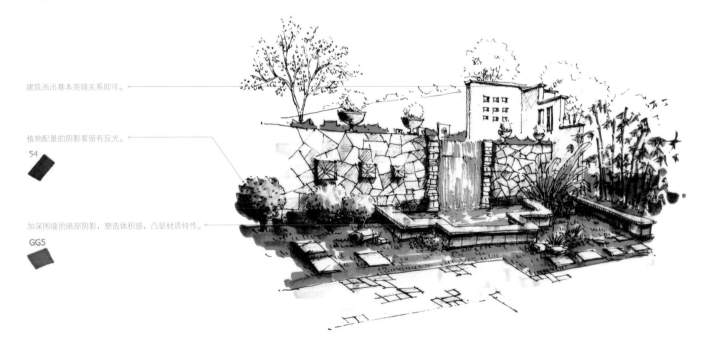

（17）用浅灰色马克笔对地面和上方围墙阴影部分上色，然后用褐色马克笔对左上方的植物配景上色，接着用淡红色马克笔对小花坛内的植物上色。

树干用大小不同的笔头加深。

95

红花的种类不可太多，颜色相近为宜。

注意前后围墙的颜色区别，要有层次和空间感。

WG3

（18）调整画面细节，完善作品表现。

用深蓝色马克笔加深水面暗部细节。

BG9

用深绿色马克笔加深植物配景暗部，注意叶面重叠的阴影效果。

43

用深灰色马克笔加深画面阴影细节，表现出更多的内容和层次。

CG7

这幅园林景观手绘，在练习的时候大家要注意小瀑布和水面波纹效果的刻画。画面是典型的两点透视，掌握好两个透视点位置，根据透视方向做线，将画面近实远虚的关系表现出来。

4.3.4 公园造型门洞表现

（1）用自然的直线画出中心的
门框结构线。

墙体的厚度和门洞掏空的感觉要着重表现。

（2）用自然的变化线画出门洞
左右的植物配景，门洞的阴影用斜
直线排列。

注意芭蕉叶和门洞的遮挡关系。

灌木、门洞、芭蕉叶以及地被植物的比例要控制好，
要反复比较刻画。

（3）用徒手线表现右侧的树木配景，小树叶面用不规则的小圆表现。

用爆炸线画树木树冠。

用骨牌线画小植物叶面形态。

（4）用雕琢笔尖的手法画左侧的植物配景，并用自然直线延伸出地面的走向。

圆形小树叶面用不规则小圆表现。

台阶阴影用排线刻画。

（5）用自然的连续曲线画水面的小波纹，然后用不规则的圆形画荷叶部分。

水池的围墙用异型砖表现，透视要准确。

小荷花用不规则的小圆绘制。

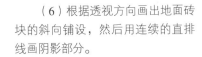

（6）根据透视方向画出地面砖块的斜向铺设，然后用连续的直排线画阴影部分。

椰子树叶面用连续线刻画。

用斜排线画地面砖块铺设。

（7）用连续的轻柔线条画右下角的石块和水草。

稍远的植物配景用自然曲线刻画。

近景的石块和小植物要交待清楚。

（8）用相对突出的线条画出稍远处的房屋，注意树木与房屋之间的前后关系。

屋顶瓦片用波浪线表现。

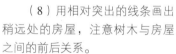

远处的景物简单交待。

遮挡和层次要表现到位。

（9）画出远处的建筑物轮廓，然
后将远处建筑物的窗户画出来，接着
调整画面细节，完成线稿。

建筑物可简单勾勒下外观。

注意透视原则。

用弧线结合直线画窗户轮廓。

玻璃材质和光感用斜线表现。

（10）用淡黄色彩铅对门洞和地面
受光面初步上色。

使用扫笔的技法上色。

注意遮挡后的光线变化和阴影。

注意材质对反光的强弱表现。

（11）用淡黄色彩铅对中间的植物配景受光面上色，然后用浅灰色马克笔对地面二次上色。

注意地面铺装上的阴影表现。

GG3

植物亮面均用浅黄色扫笔着色。

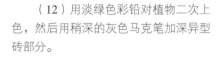

（12）用淡绿色彩铅对植物二次上色，然后用稍深的灰色马克笔加深异型砖部分。

用彩铅确定植物的固有色，为马克笔上色打下基础。

用排笔表现地面反射，加强明暗关系。

WG3

（13）用淡蓝色彩铅对水面上色，然后用淡紫色、淡红色彩铅对地面再次上色，表现出地面受环境光影响的感觉。荷花用淡红色彩铅表现。

用淡蓝色彩铅对水面连笔上色。

注意水体的亮暗变化。

丰富地面反射。

77

（14）用翠绿色马克笔对中心的植物配景上色，要少量留白，然后用天蓝色马克笔对水面再次上色，接着用黄色马克笔配合褐色马克笔对树木枝干着色。

用揉笔为植物配景上色。

47

对岸边异型砖排笔上色。

BG5

用连笔对水面上色。

76

荷花用红色马克笔表现。

7

（15）用蓝灰色马克笔加深异型
砖阴影，然后用绿色马克笔对稍远的
植物配景着色。

对稍靠后的植物用排笔上色。

56

对植物树干上色手法要灵活多变，面积大用宽头，
面积小用小头。此图要注意左右树干的深浅度。

102　　103

（16）用中绿色马克笔对植物配
景不直接受光面再次上色，使植物的
体积感凸显，层次感拉开。

用淡红色彩铅对瓦片上色。

表现远处的植物配景，在边缘处做点笔能显得自然、有
延伸感。

57

（17）用红色马克笔对远处的房屋上色，远处的建筑物外墙用淡黄色彩铅表现。

千万不能忽略画面中的任何一个细节，虽然小房屋若隐若现，但颜色一定要表述清楚。

远处的建筑简单表现出明暗即可。

（18）调整画面细节，完成！

用深灰色马克笔加深画面阴影细节。

用深绿色马克笔加深植物的不受光面。

用深蓝色马克笔加深水面及玻璃的暗部。

画这幅园林景观手绘时，要把地面的环境色表现清楚，注意门洞与后面植物的穿插感觉，把握好透视点方向，营造出画面的纵深感。

4.3.5 公园道路景观表现

（1）用活泼的连续线画出道路
的大概走向，注意石柱栏杆的穿插
关系。

区分清楚材质的结构，通过阴影表现出光照和体积感。

找准画面的消失点，画面中消失点的位置对透视形体
构图起着至关重要的作用。

（2）根据透视消失点的方向，画
出地砖铺设走向，然后画出乔木的树
干，并继续完善远景的植物配景。

小水草叶面用连续线表现。

用骨牌线画小草。

可以先总结出整体的树形，便于理解绘制。

地面铺装以块为单位绘制，开始不用画细节。

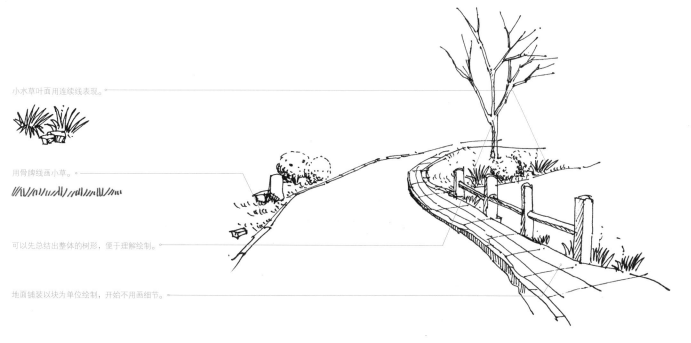

（3）用连续的线条画水草形
态，然后用雕琢笔尖的手法刻画小
树叶面造型，注意相互之间的穿插
和遮挡关系。

小树冠用自然曲线勾勒。

树叶轮廓按照阴影的块面感去画，使画面不至于过于琐碎。

前面的物体外形要刻画完整，避免继续添加带来杂
乱感。

（4）用不规则的连续曲线画树
木轮廓，阴影用斜直线排列。简单
交待远处的建筑物和人物。

用排列形式表现。

地面及水面波纹用排线扫笔表现。

用硬直线简单画远处的别墅外观。

人物在画面中起到很好的衬托比例和生动感。

相互阻挡的形体要看重划分清楚。

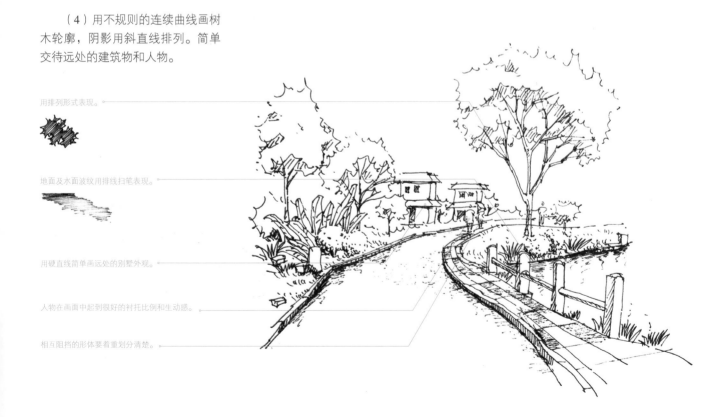

（5）石块用自然线勾勒，树木波纹用简单的连续线刻画。

注意画面的平衡效果。

心中时刻牢记比例和构图。

（6）根据近大远小的作画原则，画出远处的楼房和树木配景，然后添加近景的荷叶，拉开画面层次感，接着画出右则远处的建筑物和植物配景，完成线稿。

大树冠用抖线绘制。

细化树木的阴影层次，突出画面中心部分。

用硬直线勾勒石块外轮廓，阴影用斜排线表现。

（7）用彩铅铺底色，确定基本的色彩关系。

用淡黄色和淡绿色彩铅对中心的树冠和小草地面亮面上色。

地面先用淡黄色、淡蓝色表现光照效果，再用淡灰色马克笔满铺，石柱栏杆用中灰色马克笔初步上色。

GG3

树的阴影应该从左向右推笔。

注意石栏杆和乔木的阴影对地面的影响。

（8）用淡绿色马克笔对树木配景再次上色，然后用淡蓝色彩铅对水面初步上色。

对植物配景明暗部揉笔上色。

48   47

用淡蓝色彩铅对水面扫笔上色，离岸边较近处颜色压深些。

注意路面的高度和层次表现。

28   WG3

分析光照效果。

（9）用天蓝色马克笔对水面二次上色，并少量留白，然后用蓝灰色马克笔表现马路牙和石柱栏杆对地面的投影。

用连笔对水面上色，并留白营造透气感。

76

营造水中荷叶的漂浮感。

注意块面的运用，避免琐碎。

（10）用淡黄色彩铅对右上角的建筑物外立面和植物配景受光面上色，然后用浅灰色加深石块阴影部分。

加深石栏杆投影和路沿的阴影。

CG4　GG5

植物直接受光面用淡黄色上色。

丰富画面的层次和色彩表现。

注意颜色的远景效果和深浅变化。

（11）完善路面左侧植
物配景和建筑的颜色。

对树干暗部上色，亮面可以留白处理。

102

远处植物用点笔表现。

57　**54**

近处的植物都用淡黄色彩铅和淡绿色马克笔
配合上色。

远处的植物配景用中绿色马克笔简单地表现。

（12）画出画面的重
色，加强明暗对比关系，调
整细节，完成上色。

用深绿色马克笔对植物配景阴影暗部上色，
加深叶面层次重叠的颜色。

46　**43**

用深灰色马克笔对马路和远处的建筑物暗部
最后上色。

WG6

用深蓝色马克笔对池塘水面岸边阴影最终
上色。

CG7

第5章

园林景观手绘鸟瞰图表现

5.1 顶视图手绘表现

5.1.1 公园顶视图表现

（1）从画面的中点开始画，线条多以
直线勾勒。

初学者可根据线稿成图用铅笔先勾画出整幅线稿草图，然后再用
水性笔从中心点开始绘制。

注意房屋的层次和正常视角的情况完全不同。

交通和绿化分区的轮廓线在景观当中多以弧线或曲线为主。用弧线
或曲线表现是因为景观设计当中很多景物的分布讲究曲径通幽。

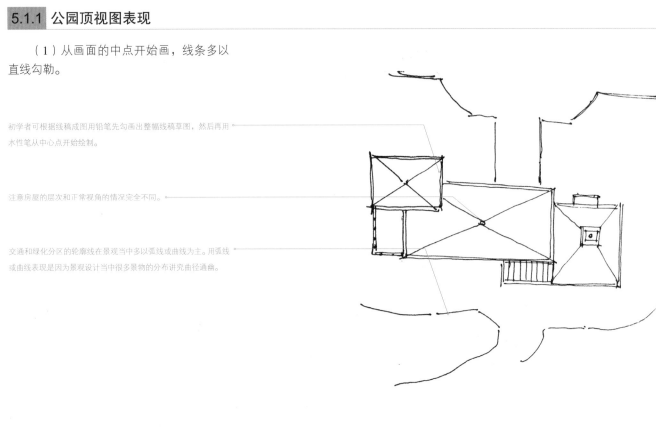

（2）画出别墅顶部的瓦块，地面的砖
块铺设用交叉线表现。

根据顶部的分区用排线表现屋顶瓦片的造型。

注意顶视图下树丛的表现。

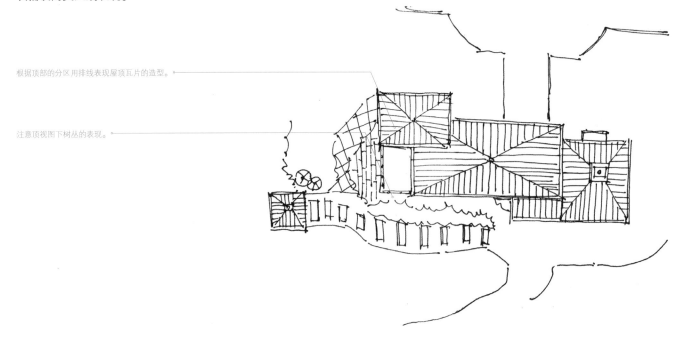

（3）画出地面上的石块及阴
影，根据阳光的照射方向决定阴影的
位置，然后画出不同造型的小树。

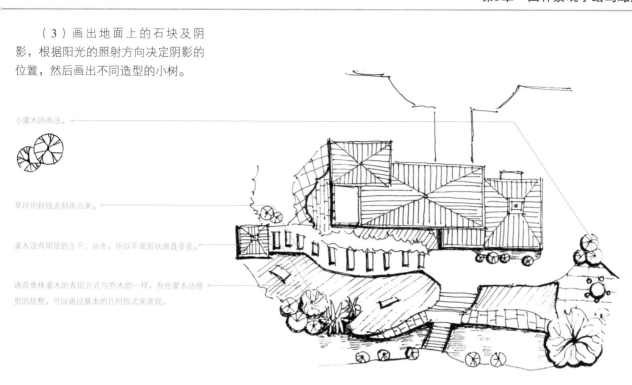

小灌木的画法。

草坪用斜线去刻画出来。

灌木没有明显的主干、丛生，所以平面形状曲直多变。

通常单株灌木的表现方式与乔木的一样，有些灌木丛修
剪的规整，可以通过基本的几何形式来表现。

（4）可以用不同的形态去表现
不同种类的树木，地面草坪部分这里
使用斜排线交待。

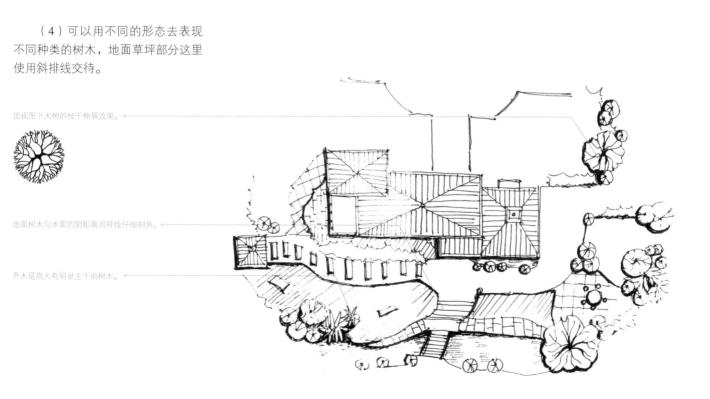

顶视图下大树的枝干伸展效果。

地面树木与水面的阴影面用排线仔细刻画。

乔木是高大有明显主干的树木。

（5）在画植物的同时画出其阴影部分，然后用自然的弧线将水池画出来。

注意地面砖块铺设材质的变化，可以用直线直排或斜排表现。

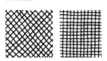

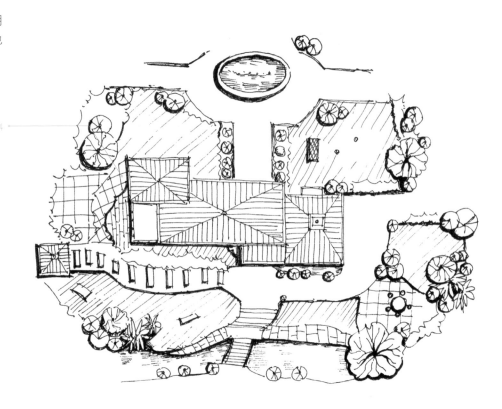

（6）画出地面砖块铺设，然后用交叉线或横竖直线区分，接着用连续线表现小花丛外边轮廓线。

用自然的曲线表现景观顶视图的路面边缘和树木轮廓。

水面波纹用自然的直线表现。

各个区域要分割清楚，结构要明确。

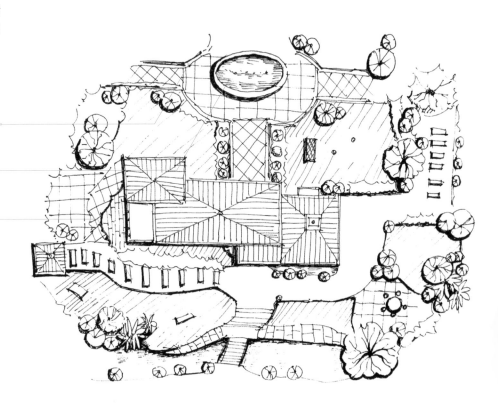

（7）完善其他景物的线稿表现，然后检查细节，调整画面。

在画这种顶面图时可以用尺子去画，这里主要教大家徒手绘制，考验的是大家的全局比例把握能力，大家也可以先用铅笔大概打形，然后开始练习。

树木重叠的阴影的效果表现。

在绘制平面图时，通常用圆形的顶视外形来表现其覆盖范围，树干为圆心，树冠为半径，作出圆或近似圆后再加以表现，也可以有缺口或尖突，用线条的组合来表示枝干或者树叶。

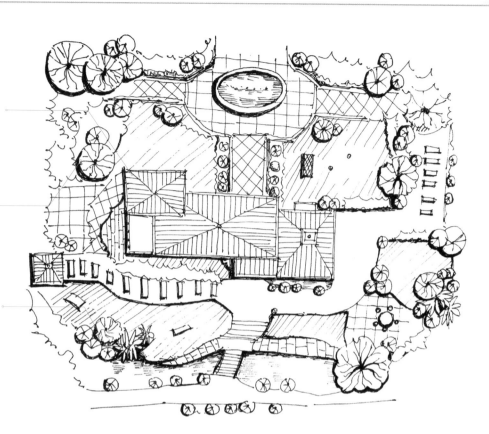

（8）同样，上色也从中心部分开始，先用淡红色的马克笔对屋顶着色，然后用稍深的绿色马克笔画距建筑较近的植物。

用柠檬黄彩铅表现建筑和地面的高光。

注意屋顶的色彩变化，对屋顶用扫笔的方式上色。

17

使用平涂的方法给植物配景着色。

46

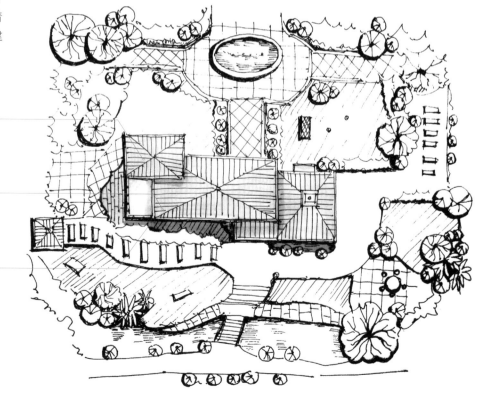

（9）用翠绿色马克笔画出较亮的草坪部分，然后用淡紫灰色马克笔画沥青地面。

对草坪用连笔的技法上色。

47

对沥青路面平铺颜色。

77

（10）用淡绿色马克笔对稍暗的草坪上色，然后用淡黄色彩铅对地面砖块初步上色，接着用淡灰色马克笔再次着色，最后用淡红色和深红色马克笔配合对小树上色，并画出水面的颜色。

红色植物的种类不可太多，颜色相近为宜。

7   11

用灰色马克笔对地面砖块初步上色。在本图中左侧的地砖比前面的深。

WG3

（11）继续完善其他配景植物的颜色，然后用稍深的灰色马克笔表现地面石块的固有色。

使用平涂的方法为石块铺设着色。

GG5

丰富植物配景的颜色，注意色彩的协调。

24

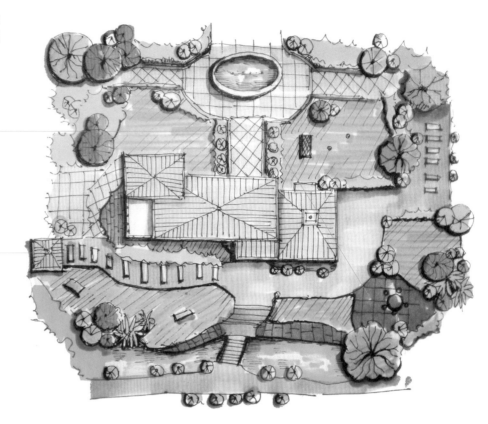

（12）用天蓝色马克笔和黄色马克笔画出小河水面及小桥，然后用灰色马克笔加深植物的阴影部分，调整画面的明暗关系。

对水面连笔上色，画面少留飞白更有透气感，注意水面的反光。

67 BG9

用稍深的绿色马克笔加深树木配景的暗部。

43

暗部的颜色要透气，切忌用黑色画死，要体现出层次。

CG4 CG6

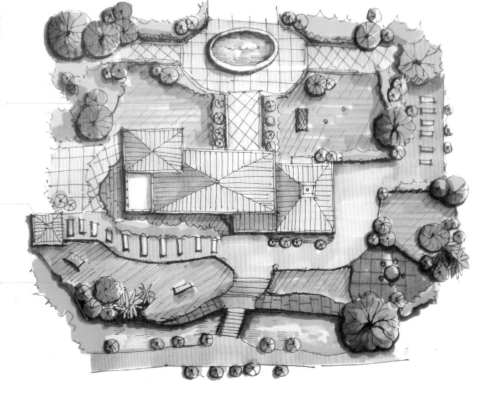

5.1.2 别墅顶视图表现

（1）画出别墅轮廓及顶面的天窗和瓦片，然后画出地面的木质铺装和周围的植物。

直接从画面中心开始画，要注意画面的整体把控。

处理好房屋顶面和地面的层次关系。

鸟瞰平面顶视图是初期设计时使用的一种手绘表现形式，将大体的布局一览无余地呈现出来，注重的是布局的合理性，对手绘透视的要求相对较弱。

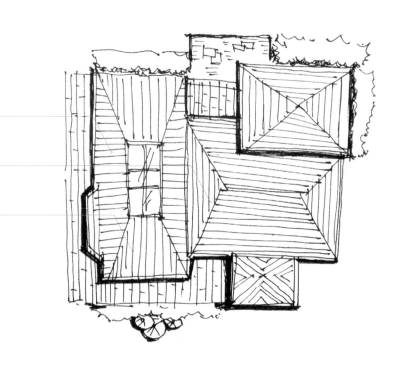

（2）用不规则的连续线表现小树丛部分，小树配景用不规则的圆形表现。

建筑附近的树丛用抖线刻画。

用直线画出右边水池的轮廓线。

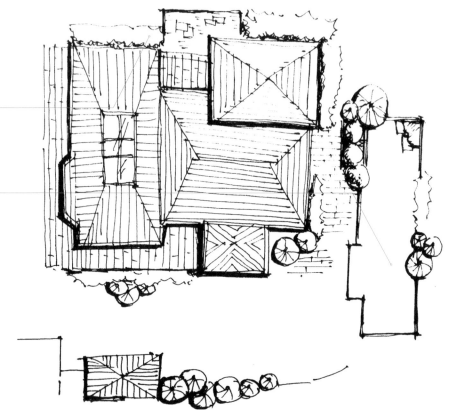

（3）画出水池水面波纹和地面的小砖铺设，并交待出路线。

树木配景的细节表现。

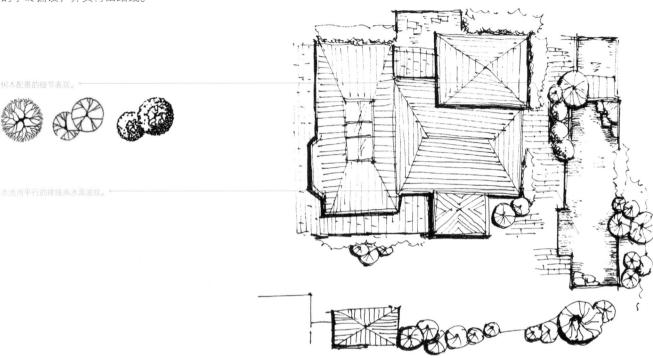

水池用平行的排线画水面波纹。

（4）画出车库及小河边上的植物配景，加深暗部阴影。

细致地刻画左下角的屋顶和小河流轮廓线，所有的小树冠都可以用圆形概括。

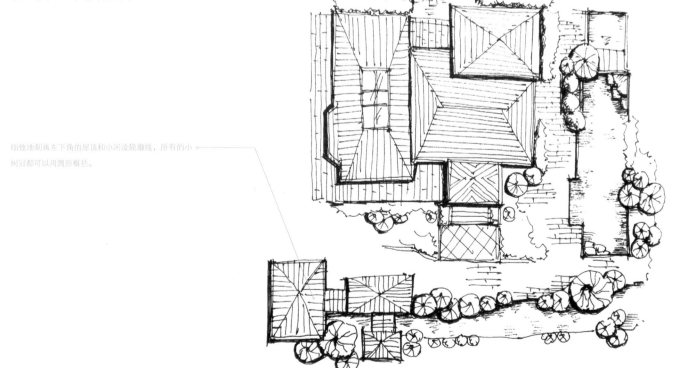

（5）根据路线的延展，画出凉亭及小草坪，注意交待水面波纹多用连续的排线。

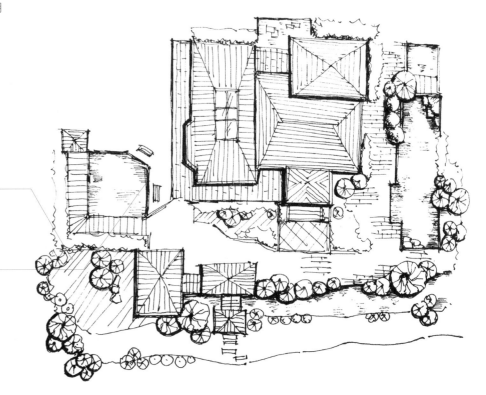

地坪用斜线表现草坪肌理。

草坪阴影用不规则的交叉线去刻画。

（6）画出小草坪上的休闲石凳和石桌，并用斜排线表现小草的肌理感，然后画出右上角的小凉亭及植物配景，接着完善其他配景，并调整细节。

用自然弧线画左上角的树木配景，注意画面的疏密有致。

用直线穿插排列出地面铺设，不宜太满地刻画，绘制局部的肌理感即可。

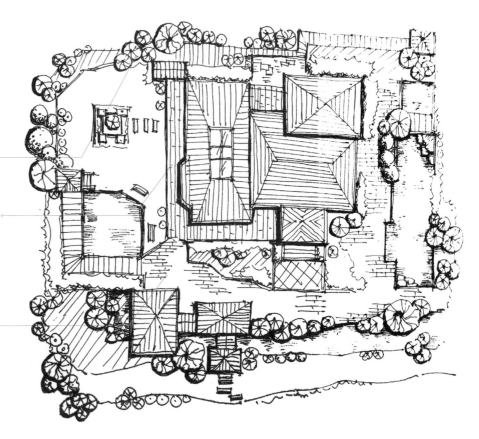

画面的布局和不同的区域要区分清楚，结构要交待明确。

（7）用淡红色马克笔对屋顶瓦片上色，并用灰色马克笔加深暗部，然后用天蓝色马克笔画天棚玻璃，接着用中黄色彩铅画地面的防腐木板。

用柠檬黄彩铅表现别墅及地面高光。

使用扫笔的方法对屋顶上色。

重叠处的颜色要加深。

（8）用翠绿色马克笔画出较亮的草坪，然后用稍深的绿色表现不同种类植物的颜色，接着用天蓝色马克笔表现水面。

对草坪连笔上色。

47

离别墅最近的草坪颜色要稍微深一些，不仅可以丰富画面的颜色，还能更好的衬托主题景物。

46

（9）用淡紫色马克笔对地面小砖块上色，并用天蓝色马克笔对小河进行上色，上色可以少量留白，让画面有透气感。

在表现地面铺装的颜色时还是要考虑到阴影的影响，记得少量留白。

77

对水面使用连笔的方法上色。

67

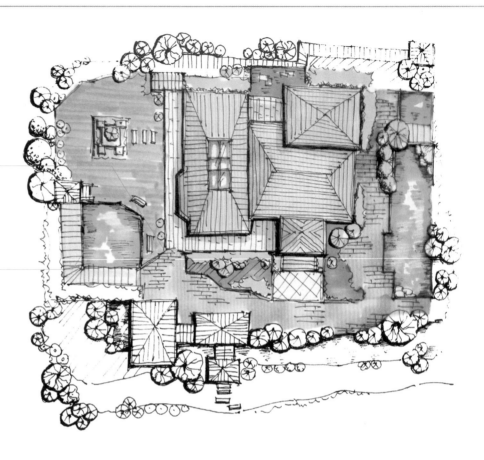

（10）用红色马克笔加深瓦片，并用黄色马克笔表现地面防腐木的颜色。植物配景用绿色、橘黄色和淡红色马克笔分别着色，区分其种类属性不同。

根据屋顶的结构对屋顶不直接受光面上色。

7

注意颜色之间要相互呼应，保持画面色调统一。

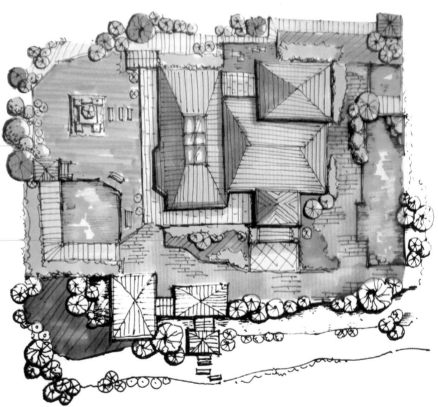

（11）继续完善剩下的植物配景和建筑的色调，保持画面的完整性。

在表现木质材质时要注意材质的特性。

WG3

用玫瑰红马克笔对部分小树冠着色，让整幅画面色彩均衡一些。

6

（12）调整画面细节，根据光照方向，加强明暗对比。

对地面防腐木材质和水草阴影最终上色。加深水面阴影，最后加深画面暗部细节，完成整幅画面。

用稍深的黄色加深防腐木颜色。

24

用深灰色马克笔加深画面的阴影部分。

CG4 CG6

用深蓝色马克笔加深水面暗部。

BG9

丰富水草的颜色。

43

鸟瞰平面顶视图用手绘表现时，一定要注重重点的凸显，使画面更加的和谐美好。

5.2 平视图手绘表现

5.2.1 广场平视图表现

（1）明确消失点的位置，然后根据近大远小的原理画出近处花坛及楼梯的造型。

平视鸟瞰图一般比人的正常视线稍高。

用硬直线画出台阶和小花坛结构线，花池的树木轮廓用抖线刻画。

画面中的小灌木形体概括。

（2）画出近处地面的砖块铺设和梯步造型，然后完善花池内的植物。

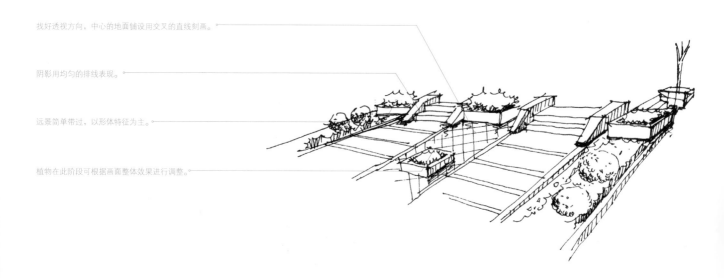

找好透视方向，中心的地面铺设用交叉的直线刻画。

阴影用均匀的排线表现。

远景简单带过，以形体特征为主。

植物在此阶段可根据画面整体效果进行调整。

（3）画出近处的树木配景，并
画出行走的人物，画人物时简单勾
画轮廓即可。

注意树杈伸展的自然感，用抖线去画植物配景的树冠
叶面形态。

用斜线表现大树叶面重叠的阴影。

连排植物，只需把前面的几棵形体透视表示清楚，后
面概括。

人物在画面中起到很好的衬托比例和增加生动感。

（4）画出远处的亭子及地面铺
设，地面砖块用自然的线条从近处
向远处的消失点发散。

注意花池近大远小的比例关系。

用抖线结合连续的自然线画出右下角的植物配景。

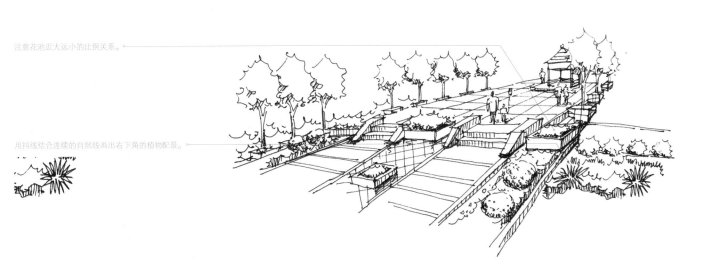

（5）画出近处右下角的植物配景，然后用排线刻画植物叶面重叠的阴影，远处的树木简单描画即可。

注意人物与树木的高矮关系。

处理好远处亭子和树木的层次。

注意透视的关系。

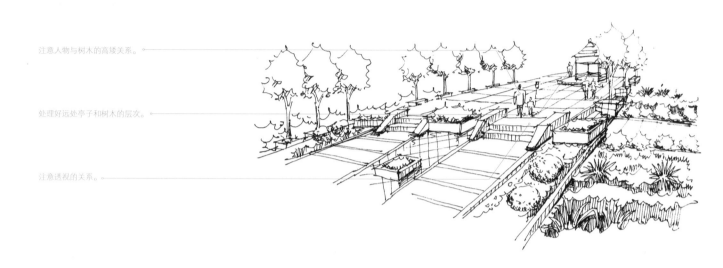

（6）用自然的曲线画出左上角低矮的树丛，然后用均匀的直线画出远处的建筑物，接着简单地用直线交待楼房内部结构线，最后画出远处的树木配景和天上的小鸟。

结构线永远都是垂直于地平线的。

建筑上下穿插到位才能体现出植物和建筑的前后关系。

飞鸟可以使画面更加的有层次并富有趣味性。

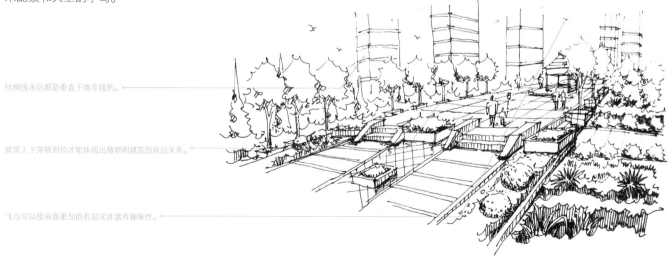

（7）从近处开始着色，用翠绿色马克笔对小树丛上色，然后对地面初步上色。

用柠檬黄彩铅表现近处的植物和地面高光。

用绿色马克笔表现植物的固有色。

47

对近处的地面扫笔上色。

WG3

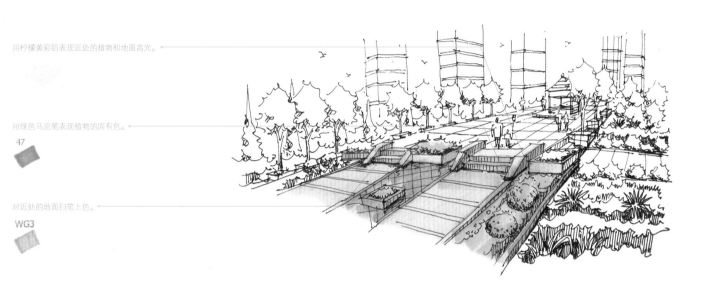

（8）用浅灰色马克笔加深稍暗的地面部分，用淡黄色、淡绿色马克笔对大树进行初步上色。

17   95   GG3

注意前景地面的阴影。

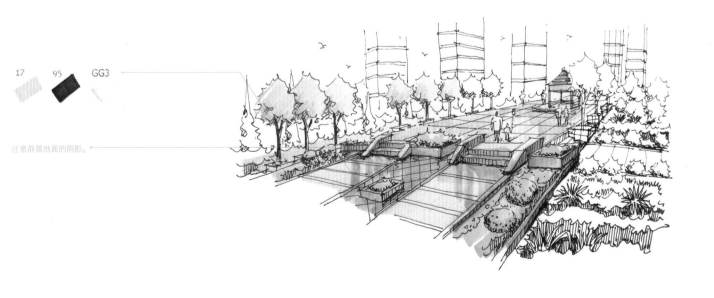

（9）用翠绿色马克笔对近处及远处的大树上色，然后用紫灰色马克笔对地面阴影部分再次着色，表现其受环境色影响效果。

丰富地面的环境色。

77

对远处的亭子顶部上色，上色时记得少量留白使画面透气感更好些。

7

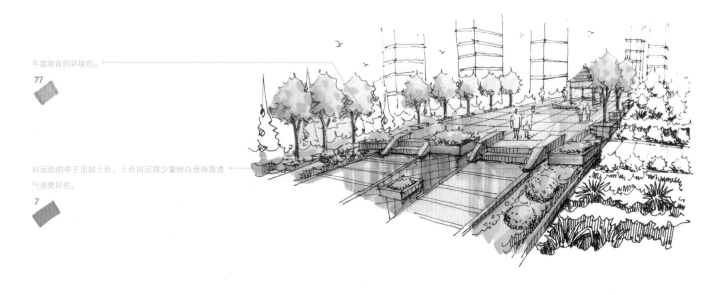

（10）用淡绿色和稍深的绿色表现右下角的小植物配景颜色，然后用橘黄色马克笔画小树，接着用红色马克笔表现远处的亭子瓦片效果。

通过颜色区分出树木的层次关系。

24   14

近处的树木暗部要有变化。

46

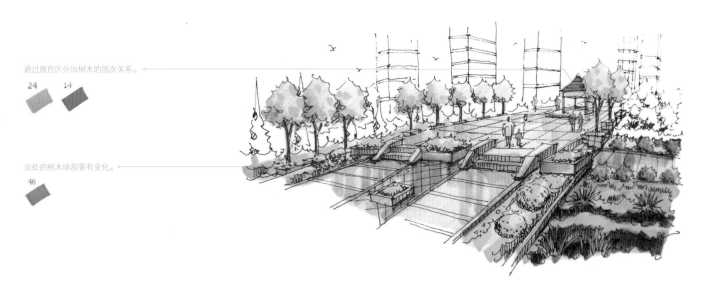

（11）用绿色马克笔画出左边稍远的植物，并用淡蓝色彩铅表现远处楼房的玻璃幕墙。

用揉笔的手法对左边远处的树丛上色。

注意玻璃材质的表现。

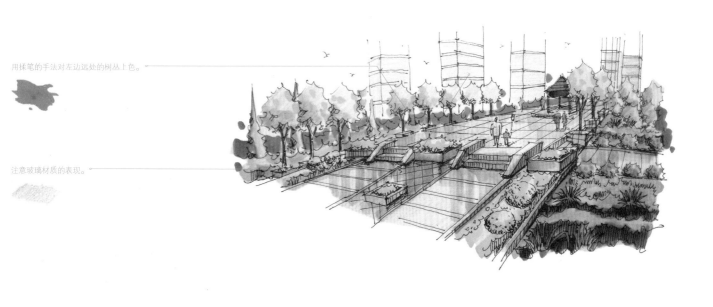

（12）调整画面的明暗关系，统一画面的色调，完成整幅作品。

对远处大楼玻璃不直接受光面上色。

77

对树木暗部的阴影上色。

43

用深灰色马克笔加深砖块阴影。

GG5 CG6

鸟瞰透视图的表现，重点是对透视点的把握，要掌握好消失点与地平线相交的位置，以透视点为中心发散做线，依据这个原则来画可以产生很明显的效果。

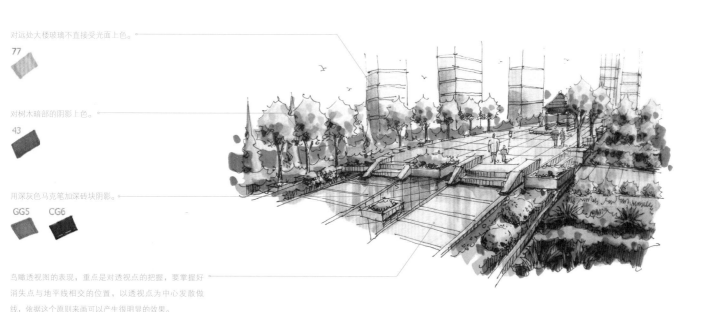

5.2.2 休闲区平视图表现

（1）画出地面的轮廓，并刻画出
近处的树木、水草、小石块造型。

用抖线刻画大树的树冠。

注意大路的延伸效果。

用小圆去画小树丛叶面。

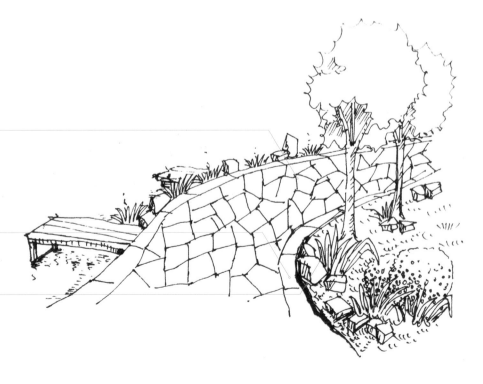

（2）画出近处的木制小桥，然后
将岸边的石块及水草添至画面中，接
着画出地面异型砖块铺设。初学者可
以先用铅笔大概描出铺设形态后再用
水性笔描绘。

用硬直线去绘制路面异型砖铺设，注意近大远小的变化。

石块用硬直线勾勒轮廓，注意路面的走向延伸。

路边的水草用连续线刻画。

（3）画出远景的别墅轮廓线和植物造型。

别墅的轮廓线都是垂直或者平行的，要学会寻找其中的规律。

大场景的表现一定要宏观地掌控画面。

（4）继续完善建筑和房屋的造型，然后画出远处水面上的小船，接着画出岸上的小树及大的椰子树。

注意椰子树的摇曳形态。

小石块的组合，整体透视要把握得很到位，否则将破坏画面效果。

（5）根据路面的延伸，画出远
处的小树及水面的波纹，远处的树简
单勾画轮廓即可。

用爆炸线去勾勒远处的植物配景。

水面波纹用连续波浪线绘制。

（6）画出左边的小岛及亭子，
植物配景简单地画一下，然后画出近处
的水草石块，接着调整画面画出远处的
椰子树，用直线画出远处的楼房，整理
画面的细节部分，完成线稿。

用自然弧线勾勒出整个水塘的轮廓走向。

画面石块和树木阴影等细节用斜直线排列表现。

整个建筑和植物都是围绕水塘布局的。

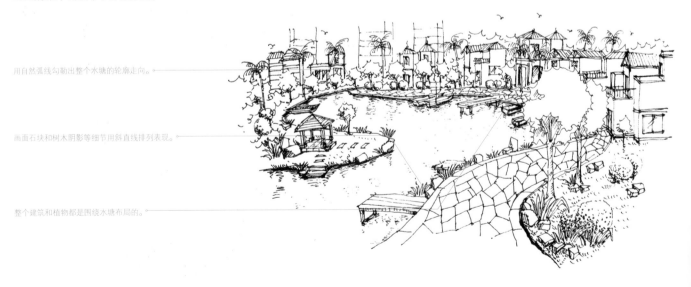

（7）用淡红色、淡蓝色彩铅对地面初步上色，然后用浅灰色马克笔对阴影上色，接着用淡黄色彩铅及翠绿色马克笔对近处的树木上色。

地面异型砖铺装材质表现可以参考第1章的内容。

地面和花池暗部的用色。

GG3

用不规则排笔手法表现前景地被植物、灌木和乔木的颜色。

48 47

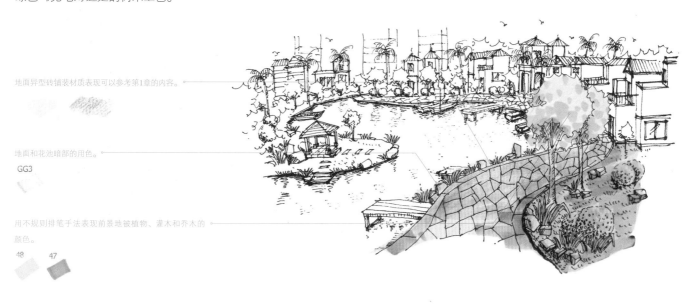

（8）用黄色马克笔对小木桥初步着色，然后用天蓝色马克笔对水面着色。

注意近景木桥和远景木桥的颜色区别。

49

对水面连笔上色，记得水面少量留白，更好地表现水面波光粼粼的效果。

67

水体的面积较大要整体把握，此时水体不用在意明暗变化。

（9）用红色和淡黄色彩铅对远处别墅外墙和瓦片上色，然后用湖蓝色马克笔加深水面的阴影。

近处的顶部瓦片颜色比远处的颜色更深。

对建筑的不直接受光面排笔上色，注意正面和侧面颜色的区别。

WG3

由于不同的远近关系，水面的阴影也要产生不同的变化。

BG5

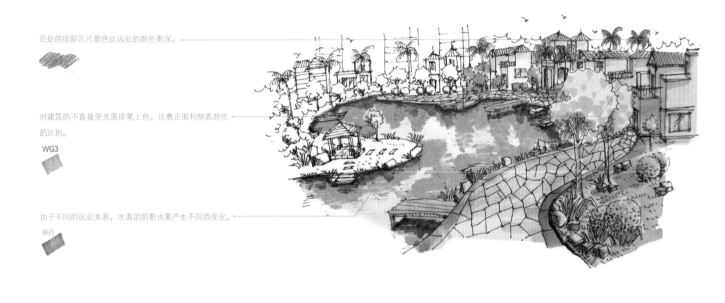

（10）用淡绿色马克笔画出远处的树木配景，然后用红色马克笔加深瓦片颜色。

用马克笔加深屋顶瓦片的颜色。

7

对远处小树丛不直接受光面用揉笔的技法去刻画阴影。

46

注意视觉的变化，颜色要有针对性，切忌平均对待。

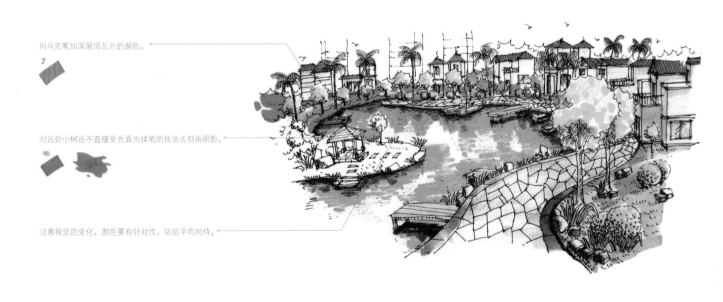

（11）用黄色和红色马克笔画出左下角的凉亭，然后用翠绿色和淡绿色马克笔对草坪及小植物上色，接着用稍深的黄色马克笔对小木桥再次着色。

调整近处小桥的光影变化。

24

丰富画面色调，使画面效果真实、自然，富有韵味。

调整暗部的阴影，加强环境色的表现。

46　GG5

（12）画出远景建筑和植物的颜色，然后加强画面的明暗关系，塑造景物的立体感和空间感。

用中黄色彩铅对近处的地面平涂表现环境色。

丰富水面的层次，如深水面阴影。

BG9

使用点笔的方法，错落有致地表现出植物的暗部色调。

43　CG6

这幅小区鸟瞰图作画难点是路面延伸对建筑物产生的透视关系的把握，在练习的时候可以由近至远地去刻画。

5.3 俯视图手绘表现

5.3.1 庭院俯视图表现

（1）明确透视关系和透视点的
位置，然后从画面中心开始画。

用自然的变化线画屋脊和围墙的结构线。

注意植物与建筑的前后层次。

注意观察中式庭院建筑的特点。

（2）画出右侧的建筑，然后用
斜排线画出屋脊瓦片，接着用连续的
曲线画植物配景的外轮廓。

用斜直线排列瓦片铺设。

用抖线刻画右下角的树冠轮廓。

注意柱子和屋檐空间的体现。

（3）继续完善建筑和配景的表现，注意材质的区分。

用树杈线去表现树木枝干形态。

注意建筑主体物和植物之间的穿插关系。

划分出水面的区域。

明确画面的消失点位置，根据消失点的方向画出屋脊走向。

（4）画出四合院中左侧的屋脊和院内的树木，稍远的屋顶简单勾画即可，加强水面的表现。

远处的屋顶只需要画出轮廓，屋顶留白即可。

注意乔木、灌木和屋脊的比例关系。

（5）画出围墙、凉亭、水面波
纹和小荷叶，然后画出路面的铺装，
丰富场景。

注意树木配景与围墙的前后层次关系。

注意建筑物走廊的走向把握。

掌握好三点透视的方向位置。

仔细刻画左下角的路面铺设。

（6）完善近处的路面铺装和植
物配景表现，然后调整画面细节。

用齿轮线刻画近处的树木轮廓线。

用排线刻画近处的植物阴影。

注意前景和远景的近实远虚效果。

处理好植物之间的穿插层次关系，远处的植物树冠用
弧线表现。

（7）画出中景建筑和植物配景
的颜色。

用天蓝色和湖蓝色彩铅配合对瓦片上色。

树木高光面用黄色马克笔轻推，做出轻重变化。

用熟褐色马克笔对建筑物的木质结构上色。

103

对建筑内不直接受光面平移上色。

WG3

（8）用蓝色彩铅对水面初步着
色，然后画出植物配景的固有色。所
有的石块受光面用淡黄色彩铅上色，
继续丰富其他植物配景的亮面。

这时的水面表现不需要太在意明暗变化，简单地平铺即可。

对树木叶面用揉笔的技法上色。

47

（9）用天蓝色马克笔加强水面
的色调，并适当留白，然后用翠绿色
马克笔对岸边小草上色。

近处的草坪用扫笔的技法上色。

47

对水面使用连笔的技法上色，上色不宜过满并少量留
白，让画面层次丰富起来！

67

（10）继续完善建筑的色彩表
现，然后加深水面阴影。

通过不同植物的颜色表现丰富画面效果。

49

水面与地面结合处的阴影效果要特别注意其中反光，以
及环境色对水面的影响。

BG9

（11）调整屋脊与围墙处产生的阴影，然后用淡紫色和淡灰色马克笔表现小路的地面材质。

根据建筑的结构和材质的特点加深屋顶瓦片的颜色，强调明暗关系。

BG5

路面的石材铺装颜色要有深浅变化，同时要表现出阴影和环境色。

WG3　GG5

（12）用深绿色马克笔加深树木配景的阴影部分，然后用深灰色马克笔加深画面整体的暗部细节，完成整幅画。

注意左侧两棵黄色树的叶面重叠色表现。

24

使用点笔的方法加深植物的深色。

56　56

丰富画面层次，增强韵味。

CG6

中式园林鸟瞰图表现重点在于古建筑外观的造型把握。

在练习时需要仔细地观察其穿插关系，将结构了解清楚再继续创作，把握细节、着眼全局地去表现。

5.3.2 公园俯视图表现

（1）画出画面中心的圆形广场
轮廓和周围的植物，然后画出长亭的
结构。

初学者可根据线稿成图先用铅笔打草稿后，再从中心画
面开始刻画。

注意画面中心圆的透视把握。

简单刻画植物轮廓即可，树冠线条用抖线绘制。

注意长廊凉亭的顶部结构。

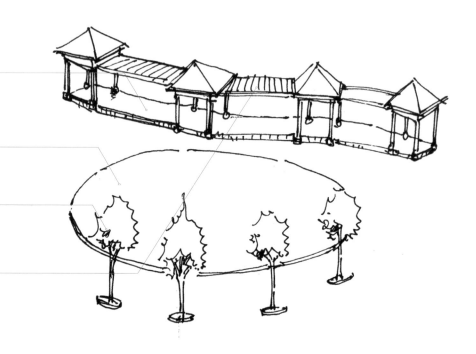

（2）根据透视原则画出长亭内
地面砖块，然后用弧线及连续线画出
圆形广场上的小花池及树木配景。

根据远处台阶走向画出穿插的小花池，简单概括形体
即可。

注意长廊的走向，屋顶结构铺设用均匀的硬直线刻画。

（3）画出右下角的花池及内部的
小松树和草坪，线条自然流畅即可。

注意右下角景观与中心阶梯的呼应关系。

前面树木配景主要用抖线去表现。

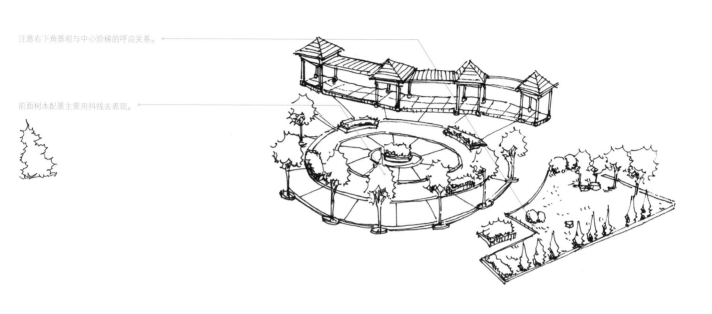

（4）画出圆形广场地面的砖块铺
设，用弧线从圆心开始向外扩散，并
用射线从圆心向外发射。

处理好前景植物和中心植物的层次大小关系。

地砖铺设主要根据中心圆来向外发散开来。

地面草地用骨牌线刻画。

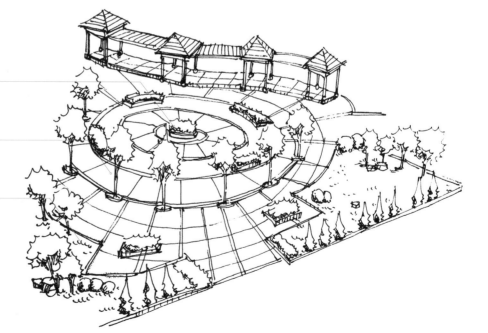

（5）画出长亭后面的椰子树及小树丛，线条简洁明了一些。

注意长廊后的植物配景。

椰子树叶面形态表现。

右上角的大树叶面用抖线去表现即可。

注意树干和长亭的前后关系。

（6）用连续的弧线和自然线画出右上角蜿蜒的小路及树木配景，然后画出远处的围墙及小树，接着在广场添加人物，活跃画面。

把握好透视点位置，用自然的弧线刻画右上角的路面走向。

远处的树木配景尽量虚化，体现出空间层次。

用出头线画出远处的房屋轮廓。

远处的植物树冠用不规则的圆弧表现。

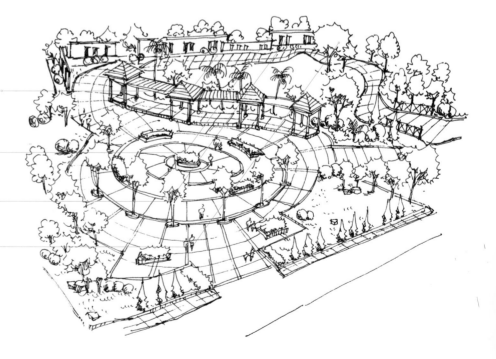

（7）用淡红色马克笔对长亭初步着色，地面用淡黄色和淡红色彩铅初步上色。

用柠檬黄彩铅表现地面和长廊的直接受光面。

使用平涂的方法表现长亭后的小灌木。

适当地在屋顶表现出环境色。

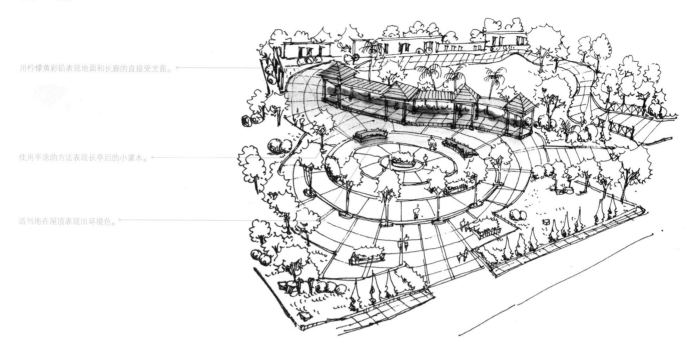

（8）用淡黄色彩铅对圆心广场的地面砖块初步上色，然后对亭子顶部再次上色，接着用翠绿色马克笔对植物初步上色，最后画出人物的颜色。

地面高光用柠檬黄彩铅平涂。

在给乔木上色时，要注意概括形体。

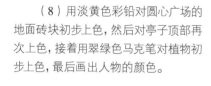

48

对长廊后的小树丛使用揉笔的技法上色。

46

亭子的顶部是一个锥体，要分析光源的方向。

24

注意人物衣服颜色的协调，切忌出现太多的颜色。

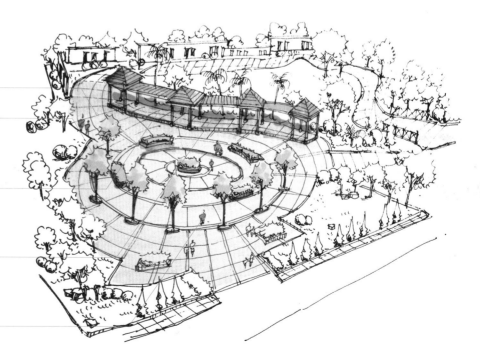

（9）用黄绿色马克笔对近处的树木和草坪上色，然后用浅灰色马克笔对地面暗部上色，接着用淡紫色马克笔对沥青路面初步上色。

使用平涂的方法加深地面的颜色，注意植物对地面产生的阴影。

WG3

沥青路面使用排笔的方法上色，用马克笔的大头表现。

77

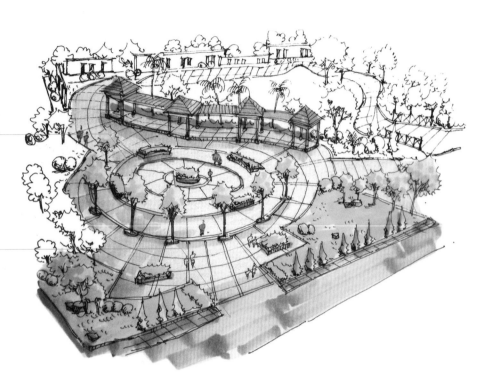

（10）用绿色、黄绿色马克笔对远处的草坪及小植物进行上色，然后用中灰色马克笔对围墙初步着色。

注意画面颜色的呼应关系，用近处的地砖颜色表现远处的建筑外墙色。

CG4

在对植物配景上色时少量留白，使画面有很好的透气感，用马克笔较粗的一头直接平涂即可。

46

（11）用绿色马克笔对远处的树木简单着色，然后画出远景地面铺装的颜色，接着用中灰色马克笔加深中心广场台阶阴影部分。

为了使画面颜色丰富，远处的植物可以选用不同的颜色表现。

通过阴影塑造广场的层次和体积感。

在表现阴影时要注意光线和景物的比例。

GG5

（12）远观画面，调整画面色调，丰富层次，加强空间对比效果。

丰富长廊的顶部颜色。

14

丰富画面色调，表现出丰富多彩的自然植物。

使用点笔的方法表现出植物的深色。

43　CG6

这幅小广场鸟瞰图画面相对简单，重点是休闲长亭与中心广场的刻画、小广场地面圆形铺设的递进、植物配景的围绕排列，把握住这些基本就可以画好这幅画了。

5.3.3 办公区俯视图表现

（1）确定透视点，然后用直线
画出主建筑的结构线。

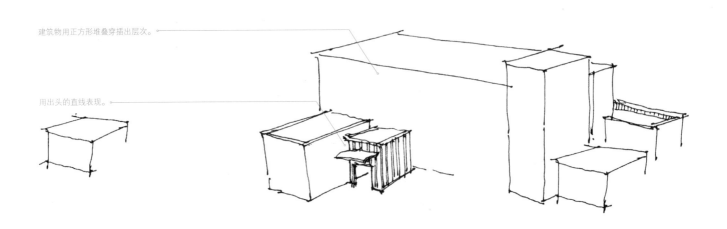

建筑物用正方形堆叠穿插出层次。

用出头的直线表现。

（2）用斜直线画出窗户及卷闸
门，然后用连续线画树木配景。

建筑物主要用平行的排线去绘制。

阴影细节用斜线刻画。

注意区分清楚材质。

表现出屋顶的体积。

（3）画出地面的砖块排列和小松树及旗杆。

处理好旗杆的位置和层次关系。

注意路面走向的递进。

地面的砖块铺装用十字交叉线去铺设。

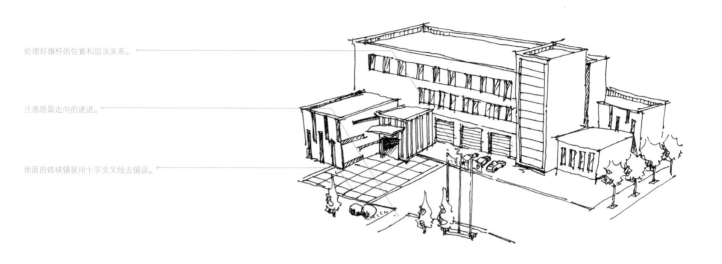

（4）画出右下角的草坪及石块地砖，草坪用雕琢笔尖的方式画。

圆形树丛画法表现细节。

用自然的弧线画出小河的走向。

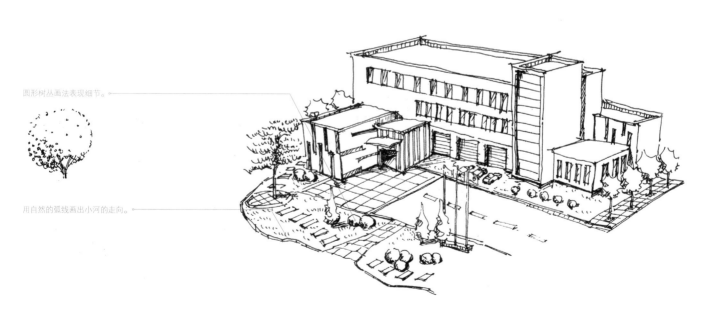

（5）用自然线画出小河水面，然后画出围墙。

小路铺设有序地绘制排列。

左上角的树木配景轮廓用曲线简单勾勒表现。

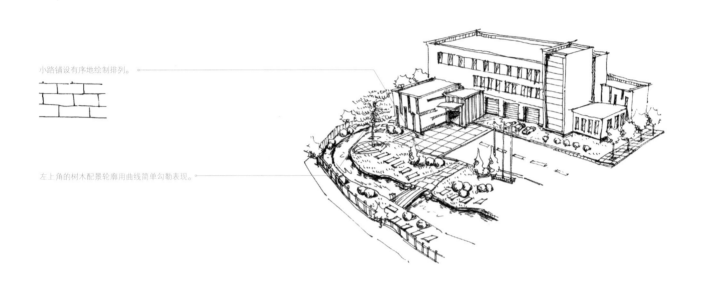

（6）画出左下角的马路及路边的小树，然后画出右下角的大门及小路植物配景。

围墙结构走向根据小河的大概方向去绘制。

用连续的波浪线画水面的波纹。

草地用骨牌线简单交待即可。

仔细交待右下角的大门造型。

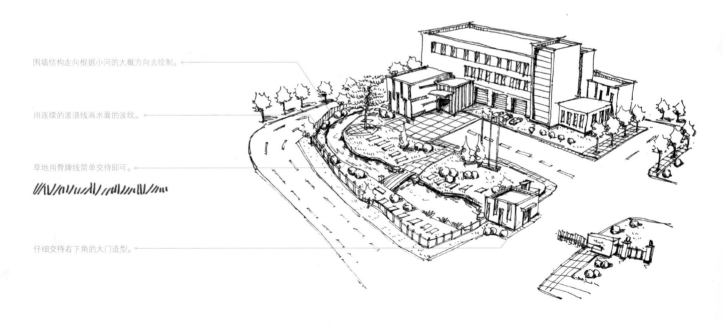

（7）着色首先从办公大楼开始，用中黄色、淡黄色彩铅和灰色马克笔对不受光墙面上色。

用柠檬黄彩铅对中心建筑外墙直接受光面平涂上色。

对建筑上不直接受光面上色。

28

建筑固有色上色。

24

面积较大的地方用马克笔的平头表现，局部细节用尖头表现。

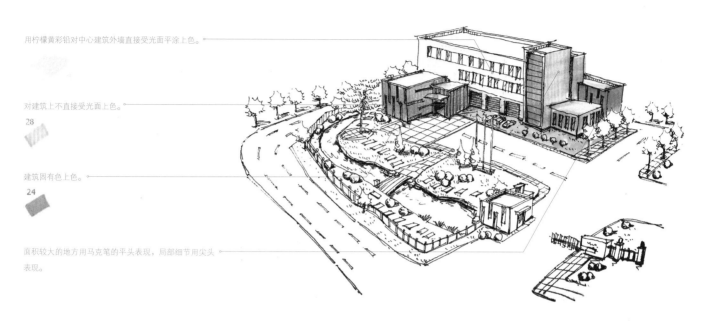

（8）画出中景草坪和植物配景的颜色，然后蓝色彩铅对地面初步着色，接着用淡红色彩铅画出铺装的颜色。

对直接受光的草坪进行平铺着色。

48

沥青路面用淡蓝色彩铅结合灰色马克笔表现。

GG3

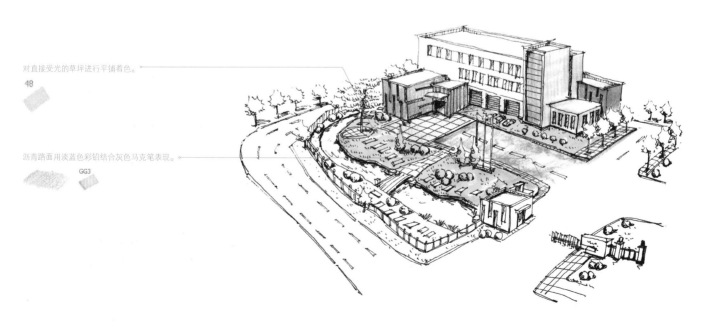

（9）用淡红色马克笔画局部地面和围墙，然后用浅蓝色马克笔对小河水面初步着色。

用连笔表现水面效果。

67

用黄色马克笔表现小木桥材质的颜色。

49

使用平铺的方法对建筑门口的地砖上色。

17

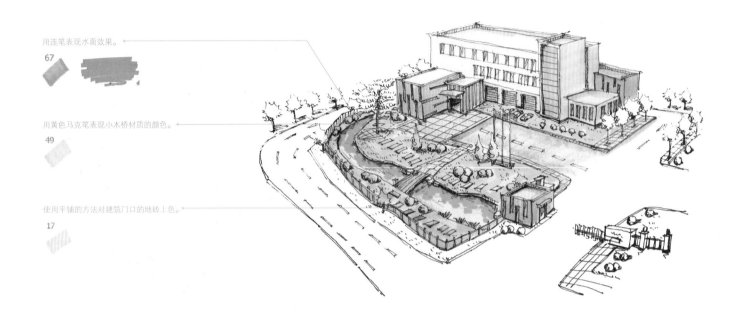

（10）紫蓝色马克笔画沥青地面，用绿色马克笔画出右下角的地坪。

用马克笔的宽头对沥青路面再次上色，注意块面的表现。

77

注意松树和右下角植物的颜色表现。

47

加深马路牙的阴影，体现出立体感。

GG5

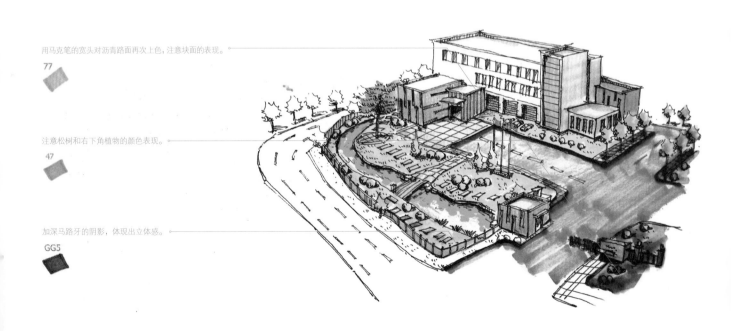

（11）用稍深的灰色马克笔对右下角的小路着色，用紫蓝色马克笔画马路地面颜色。

远处的景物上色只表现暗部，亮面直接留白处理。

加深建筑的固有色。

103

建筑中心门口地砖用灰色马克笔表现放射效果。

WG3

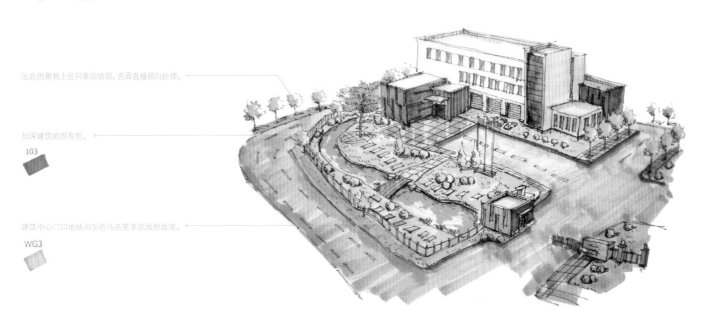

（12）用深绿色马克笔画出植物配景，用褐色马克笔画出铝塑板的暗部，用蓝色马克笔画出小河的暗部。

注意画面植物配景的阴影颜色。

43

加深岸边草坪对小河的倒影。

BG9

加深画面暗部细节，丰富画面层次。

WG8　CG6

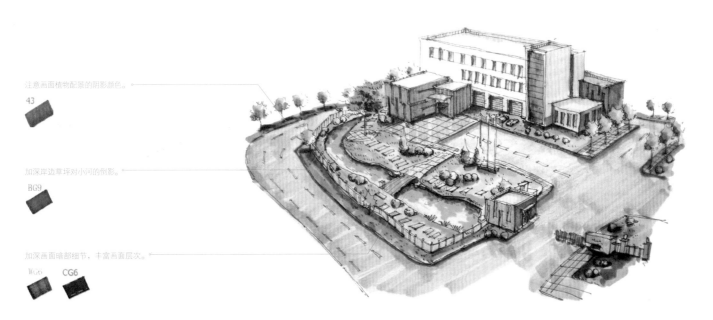

5.3.4 学校俯视图表现

（1）根据透视关系用直线表现教
学楼的结构轮廓。

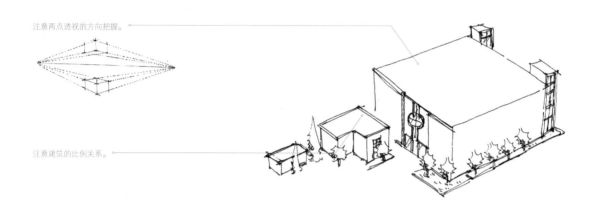

注意两点透视的方向把握。

注意建筑的比例关系。

（2）根据透视原则，用相对平行
的直线画出窗户及门洞的细节部分。

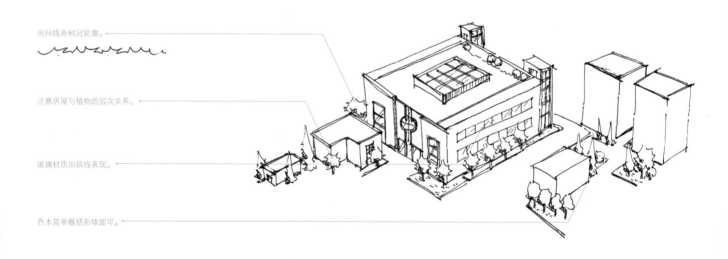

用抖线画树冠轮廓。

注意房屋与植物的层次关系。

玻璃材质用斜线表现。

乔木简单概括形体即可。

（3）画出右下角的地面砖块和
小植物配景，要牢记的是建筑物轮廓
线都垂直于地平线。

注意建筑上的透光玻璃窗户表现。

现代的建筑多用均匀直线刻画结构线。

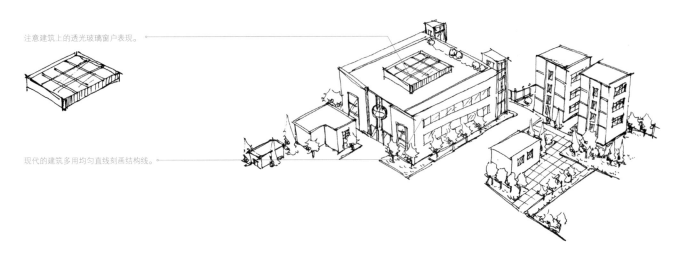

（4）画出围墙的栏杆及小草坪
和植物配景，然后用连续的自然线画
出小树轮廓。

近处的植物配景用抖线去描绘。

处理好建筑之间的空间和比例关系。

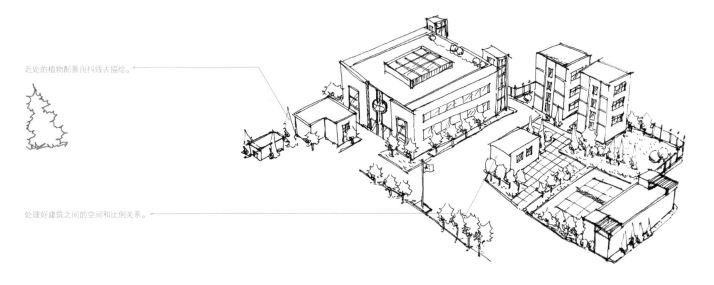

（5）用自然线画出左下角小楼的
轮廓和窗户等，然后表现出明暗关系。

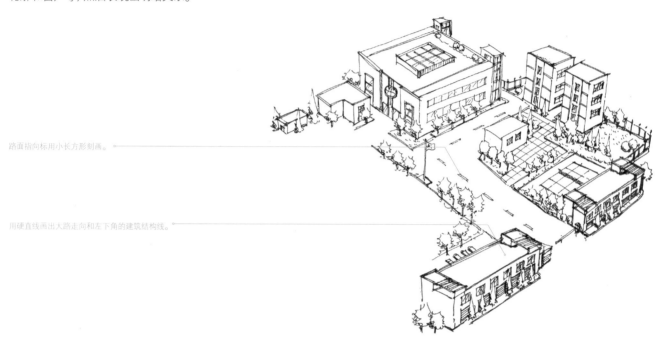

路面指向标用小长方形刻画。

用硬直线画出大路走向和左下角的建筑结构线。

（6）完善画面中的马路、车
辆、围墙和植物配景，然后画出足球
场和跑道的造型，接着调整画面细
节，完成线稿的绘制。

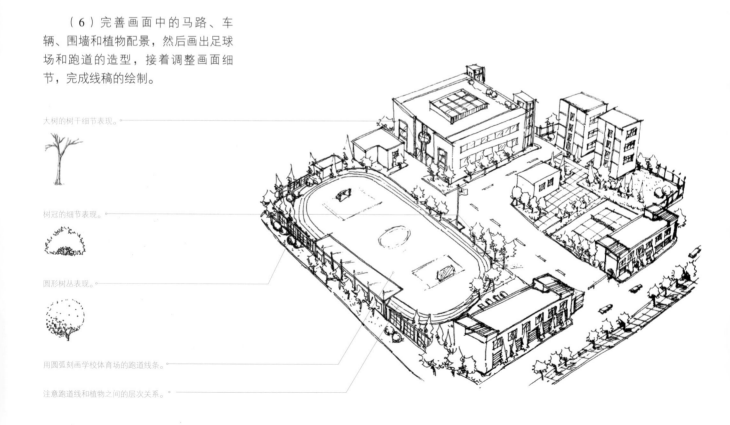

大树的树干细节表现。

树冠的细节表现。

圆形树丛表现。

用圆弧刻画学校体育场的跑道线条。

注意跑道线和植物之间的层次关系。

（7）用淡黄色、淡蓝色彩铅画主
教学楼的外墙色。玻璃顶棚用蓝色马
克笔着色，然后用紫色马克笔画出地
面的颜色。

使用斜笔轻推的方式做出轻重变化。

对窗户玻璃初步上色，并少量留白。

67

注意大楼背光面材质的表现。

表现地面颜色时用大块面绘制。

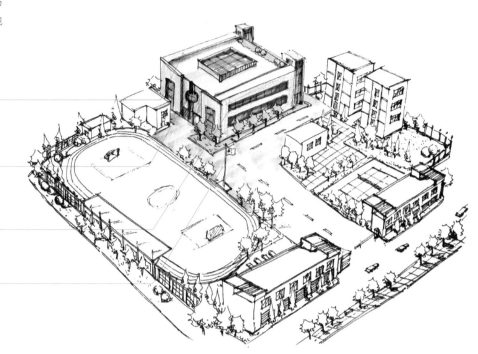

（8）用黄绿色马克笔对植物受光
明显的部分初步上色，然后继续完善
建筑的色彩表现。

对植物配景初步上色。

48

对两栋小建筑物平铺着色。

17

网球场地面用绿色马克笔表现出塑胶的质感。

57

对地面连笔上色，本图右下角的颜色比左上角的颜色深。

77

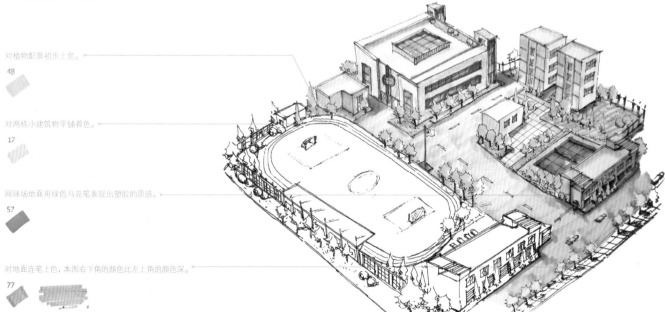

（9）继续完善建筑和植物配景
的色彩表现。

用灰色马克笔对近处两栋楼的墙面进行上色。

WG3

用黄色马克笔对楼梯木质结构上色。

49

注意画面左右的色彩变化。

GG5　**BG9**

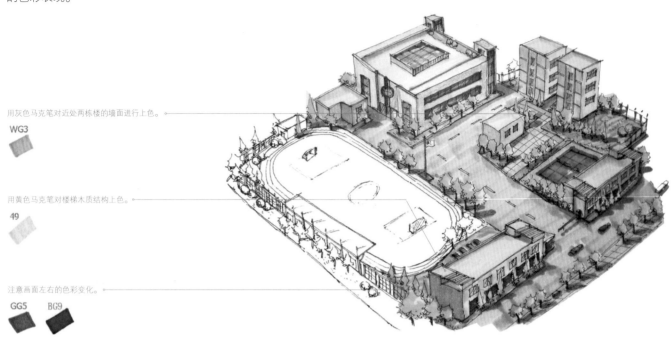

（10）用淡红色表现塑胶跑道部
分，草坪用黄绿色马克笔表现。

使用平移的方法对塑胶跑道上色。

7

注意画面的一些小物体也要表现出质感和体积感。

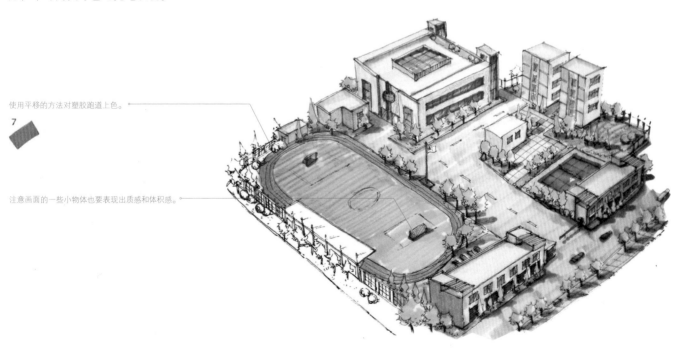

（11）用稍深的绿色表现远处围墙后的植物，然后用蓝色马克笔对操场雨棚着色。

对围墙边植物配景随意的点缀上色。

57

注意体育场外围的铁栏杆和植物的层次关系。

左下角的植物配景用色。

48　47

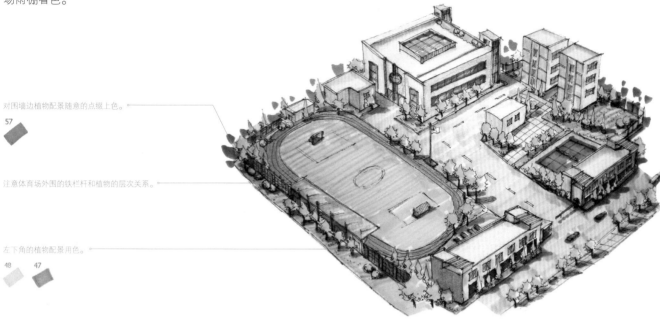

（12）调整画面，加强暗部和阴影的色调，然后调整细节，完成作品。

用湖蓝色马克笔对玻璃幕墙暗部着色。

用深绿色马克笔对植物阴影着色。

43

用深灰色马克笔加深树木配景的投影。

GG5　CG6

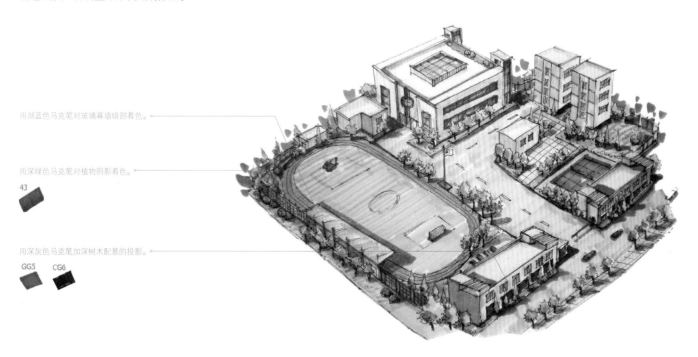